Der BLV

Tierführer Translunarien

Zeichnungen: Sandra Menke

DR. FRIEDRICH KÖGEL
DR. MARIO LUDWIG

Der BLV

Tierführer Translunarien

Neu:
Genial einfaches Größen-Bestimm-system

Was Sie in diesem Buch finden

Einführung

Bestimmungsteil

Anhang

Translunarien ist überall

Diese Fülle an überbordendem Leben, an außergewöhnlichen Kreaturen haben Sie wohl nicht erwartet. »Der BLV Tierführer Translunarien« stellt Ihnen einige der ungewöhnlichsten Geschöpfe unseres Planeten vor. Auf allen Kontinenten und in allen Lebensräumen haben wir nach ihnen gesucht, von den Tiefen der Ozeane bis zu den trockensten Wüsten, von Buddeldonien und Ballististan bis nach Luxlanden und Gastropodien. Am ergiebigsten war die Suche freilich in den märchenhaften Landschaften Translunariens.

Lassen Sie sich verzaubern von der exotischen Tierwelt dieser fernen Landstriche. Was Sie vorfinden werden, ist ein Beleg für den Erfindungsreichtum und die Vielfalt der Evolution. Sie ist die Triebkraft hinter der Entstehung von all diesen auf ganz besondere Weise an ihren Lebensraum angepassten Geschöpfen. Nur was sich im täglichen Überlebenskampf als tauglich erweist, wird sich am Ende auch durchsetzen.

Schauen wir uns beispielhaft eine der Arten genauer an, um zu erkennen, welche Mechanismen wirken: Der Ohrensegler, ein fuchsähnliches Raubtier, dessen Beschreibung Sie auf S. 54 finden, hat riesige Ohren ausgebildet, die ihm den Gleitflug ermöglichen. Das verschafft ihm unbestreitbare Vorteile beim Ortswechsel, beim Angriff auf Beutetiere und bei der Flucht. Er reiht sich damit in die Reihe anderer flugfähiger Säugetiere ein. Etwa Flughörnchen, die mit einer aufgespannten Haut zwischen Vorder- und Hintergliedmaßen durch die Lüfte gleiten können. Oder gar die Fledermäuse, die durch ihre Flughaut zwischen den stark verlängerten Fingern ihrer Vorderextremitäten, den Hinterbeinen und dem Schwanz zum aktiven Flug befähigt sind. All das Beispiele für den Erfindungsreichtum der Natur.

Fledermäuse sind fliegende Säugetiere; hier eine Breitflügelfledermaus.

Allerdings sind der Vielfalt der Möglichkeiten auch Beschränkungen auferlegt. Im Allgemeinen müssen Strukturen vorhanden sein, die sich abwandeln lassen, um Neues zu kreieren. So haben sich beim Ohrensegler die Ohren weiterentwickelt. Und die Flügel der Vögel sind aus den Vorderextremitäten entstanden. Deshalb laufen Vögel auf lediglich 2 Beinen. Eher selten entstehen neue Organe als reine Neuschöpfung, etwa die Flügel von Insekten.

Aber auch aus ganz anderen Gründen ist nicht alles in der Natur möglich. Das verdeutlicht die Frage, warum der Ohrensegler, ähnlich wie Dumbo, der fliegende Elefant, nicht zum aktiven Flug befähigt ist. Um das zu können, muss nämlich mit dem Flügelschlag entsprechend viel Auf- und Vortrieb erzeugt werden. Und das wiederum erfordert eine kräftige Muskulatur, die bei Vögeln oder Insekten nahezu den gesamten Brustraum einnimmt. Ein solch großes Muskelpaket ist aber im Kopf mit

seinen vielen anderen wichtigen Organen aus Platzgründen nicht unterzubringen. Deshalb ist der aktive »Ohrenflug« nicht vorstellbar und Dumbo eben nur eine Zeichentrickfigur. Jetzt wissen wir, warum der Ohrensegler in diesem Buch nur zum Gleitflug befähigt ist, was durch eine wesentlich schwächere Muskulatur ermöglicht werden kann.
Solche Überlegungen zeigen, wie diffizil und fein aufeinander abgestimmt die Mechanismen der Evolution wirken. Unter Evolution versteht man die Abstammung der Lebewesen von gemeinsamen Vorfahren. Löwe und Tiger sind z. B. eng miteinander verwandte katzenartige Raubtiere und haben einen gemeinsamen Vorfahren, von dem beide abstammen.
Wie ist es möglich, dass aus vorhandenen Bauplänen sich immer wieder Neues entwickeln kann? Welche geheimnisvollen Kräfte stecken dahinter? Um diese Fragen zu beantworten, möchten wir über einige grundsätzliche Mechanismen der Evolution berichten und erklären, an welchen Beispielen in der Natur man ihr Wirken besonders plakativ und spektakulär sehen kann. Der Hauptteil dieses Bestimmungsbuches ist dann aber der Vorstellung der Kreaturen gewidmet, die wir an den entlegensten Orten der Welt entdeckt haben, und die wir hiermit einer breiteren Öffentlichkeit vorstellen möchten. Sie werden hoffentlich Spaß haben, staunen können und manches dazulernen. Denn viele der grundlegenden Mechanismen der Evolution, von denen wir in der Einführung berichten, spiegeln sich in den Geschöpfen Translunariens wider, mit denen Sie hier Bekanntschaft schließen werden.

Auch bislang unbekannte Säugetiere werden immer wieder entdeckt: das Graugesichtige Rüsselhündchen im Jahr 2005.

Vielleicht macht es Ihnen Spaß, sich vorzustellen, dass Sie bei Ihrem nächsten Ausflug einer Rotohrigen Blumenratte oder einem Panzerhasen begegnen. Vielleicht spüren Sie aber auch ein bislang völlig unbekanntes Tier auf. Die Evolution hält noch viele Überraschungen bereit. So wurde erst 2005 das Graugesichtige Rüsselhündchen *(Rhynchocyon udzungwensis)* in den Gebirgswäldern Tansanias entdeckt. Dieser etwa 30 cm lange Säuger ist am nächsten mit Elefant und Seekuh verwandt. Auf den ersten Blick sieht er aus wie eine verkleinerte Version des auf Seite 100 beschriebenen Saugrüsslers. Wer weiß, was sonst noch alles im Verborgenen lebt? Gehen Sie mit uns auf Entdeckungsreise.

Ich bin anders als du

Grundlegende Elemente der Evolution sind Vorgänge, die die Wissenschaft als Mutation und Rekombination bezeichnet. Beide führen dazu, dass sich die Nachkommen von ihren Eltern unterscheiden. Damit ist nicht nur das Aussehen gemeint, sondern auch Abweichungen im Verhalten (nur Hühnervögel zeichnen sich z. B. durch das Scharren aus) oder bei den Stoffwechsel-

vorgängen. Diese Eigenschaften eines Individuums werden direkt durch dessen Erbsubstanz, das Genom, bestimmt. Letzteres sind riesengroße, kompliziert gebaute Moleküle, die von Zelle zu Zelle weitergegeben werden und denen bei der Fortpflanzung eine entscheidende Rolle zukommt. Ohne Mutation und Rekombination glichen die Nachkommen ihren Eltern wie ein Ei dem anderen.
Bei der Duplikation (Vervielfältigung) des Genoms im Rahmen der Fortpflanzung, aber auch spontan, können diverse Fehler in diesem Riesenmolekül auftreten. Diese können sowohl punktuell entstehen, also einzelne chemische Bausteine betreffen (sogenannte Punktmutationen), als auch größere Strukturen beeinträchtigen, bis hin zu den als Chromosomen bekannten Erbeinheiten (die brechen können, doppelt vorliegen usw.). Resultat ist in jedem Fall, dass die vom Genom gesteuerten Stoffwechselvorgänge nicht in der gewohnten Weise ablaufen.
Eine solche spontan entstandene Mutation beim Menschen ist z. B. die Blauäugigkeit. Vor 6000 bis 10 000 Jahren trat der erste Mensch mit blauen Augen auf. Von ihm stammen alle anderen Blauäugigen auf der Welt ab. Wer blaue Augen hat, ist also irgendwie auch mit Angelina Jolie und Brad Pitt verwandt. Heute sind etwa 10 % aller Menschen blauäugig. Besonders verbreitet ist dieses Merkmal in Skandinavien, so in Finnland bei 90 % der Bevölkerung. Blauäugige sind offensichtlich auf dem Vormarsch – und Wissenschaftler rätseln warum. Hat es damit zu tun, dass Träger des Merkmals wegen ihrer meist helleren Haut die UV-Strahlen des Sonnenlichts effektiver zur Synthese von lebenswichtigem Vitamin D nutzen können? (Das wäre gerade im sonnenarmen Norden ein großer Vorteil.) Oder ist der verführerische Blick eines Blauäugigen so unwiderstehlich, dass jeder potenzielle Geschlechtspartner auf der Stelle schwach wird?
Mutationen müssen dem Träger keinen Vorteil bringen. Da sie nach dem Zufallsprinzip entstehen, ist die Wahrscheinlichkeit viel größer, dass sie letal, also tödlich sind. Oder sie bringen Nachteile mit sich. Das kennen wir von vielen sogenannten Erbkrankheiten. Oft ist es auch eine Kombination von Vor- und Nachteilen, die eine Mutation ausmacht. Im Verlaufe vieler Generationen entsteht durch die überlebensfähigen Mutationen eine enorme Vielfalt im Genom einer Art. Jedes Individuum ist Träger anderer Mutationen.
Sicher ist bekannt, dass die Ausprägung der Merkmale eines Individuums sowohl vom Vater als auch von der Mutter bestimmt wird. Alle Eltern – und nicht nur die – kennen die beliebte Beschäftigung, festzustellen, welche Eigenheiten der Nachwuchs von wem geerbt hat. Grundsätzlich ist es aber so, dass Kinder von jedem Elternteil mit den Fortpflanzungszellen (Ei und Samen) jeweils einen kompletten Chromosomensatz erhalten. Das Genom, das über die Eigenschaften eines Individuums entscheidet, liegt also in den Körperzellen doppelt vor. Welche Eigenschaften sich durchsetzen, die vom Vater oder die von der Mutter, hängt vom jeweiligen Zusammenspiel der beiden Erbgut-Partner ab.
Manchmal treten bei den Kindern Merkmale hervor, die eigentlich für Opa oder Oma typisch waren. Das ist nicht verwunderlich, denn Vater und Mutter tragen ja in ihrem doppelten Genom jeweils zu gleichen Teilen die Eigenschaften ihrer Eltern. Bei der Bildung von Ei- und Samenzellen sorgen komplizierte Vorgänge dafür, dass die Eigenschaften von Großvater und Großmutter nach dem Zufallsprinzip auf die

Fortpflanzungszellen verteilt werden, ein Vorgang, der als Rekombination bezeichnet wird. Durch die Komplexität der Vorgänge ist eine unübersehbare Vielfalt von Varianten möglich, sodass praktisch keine Fortpflanzungszelle der anderen gleicht und damit kein daraus entstehendes Individuum einem anderen.

Wer ist der Bessere?

Wie kommen nun die so unterschiedlich ausgestatteten Individuen in ihrer Umwelt zurecht? Wenn wir davon ausgehen, dass die Art in ihrer Normalausprägung optimal an ihre Umwelt angepasst ist, werden es »Abweichler« schwerer haben, sich durchzusetzen. Nehmen wir an, eine Art kommt hervorragend in ihrem Lebensraum zurecht, in dem durchschnittlich 20 °C herrschen. Fühlt sich ein mutiertes Individuum erst bei 22 °C so richtig wohl, wird es bei 20 °C in seiner Vitalität eingeschränkt sein und z. B. weniger Nachkommen haben. Noch stärker beeinträchtigt werden dann Individuen sein, die ihr Optimum (ihren vitalsten Lebensbereich) bei 24 °C haben. Je weiter ein Individuum von der Norm abweicht, desto schwerer wird es, mit der Umwelt klarzukommen. Das führt zu weniger Nachkommen und einem Nischendasein innerhalb der Population, der Fortpflanzungsgemeinschaft einer Art. Konstante Umweltbedingungen bedeuten also eine Stabilisierung der verschiedenen Eigenschaften von Populationen in Richtung »Normwert«.
Was passiert aber, wenn sich Umweltbedingungen ändern? Nehmen wir an, es wird durchschnittlich 2 °C wärmer. Nun befinden sich die einstigen »Abweichler« in ihrem Optimum, haben mehr Nachkommen und werden im Verlauf vieler Generationen die Mehrheit stellen. Die Population hat damit ihre Eigenschaften verändert. Eine solche Plastizität ist wichtig für das Überleben von Arten. Fehlen die »Abweichler«, kann eine Population nicht adäquat auf Veränderungen reagieren.
Populationen reagieren oft rasch auf sich wandelnde Umweltbedingungen. Bereits heute hat sich das Zugverhalten vieler einheimischer Vögel verändert, als Reaktion auf das wärmer werdende Klima. Man weiß inzwischen, dass es genetisch gesteuert wird. Dabei zeichnen sich die Populationen grundsätzlich durch eine große Bandbreite des Verhaltens aus. Vielfach kommen Zugvögel und Teilzieher nebeneinander vor. Der inzwischen feststellbare Trend zeigt klar, dass die Zahl der Teilzieher oder gar Standvögel im Verhältnis zu den Zugvögeln zunimmt. Einige Arten, die das früher noch taten, ziehen heute in auffälliger Zahl nicht mehr weg, oder es überwintern Vögel bei uns, die nur ein kurzes Stück aus nördlichen Breiten bis zu uns gewandert sind. So kann man heute immer häufiger Amsel, Rotkehlchen, Mönchsgrasmücke, Hausrotschwanz, Star oder gar Rauchschwalbe auch im Winter beobachten. Das Lied von Amsel, Drossel, Fink und Star, die erst im Frühjahr wieder zuwandern, verliert seine Bedeutung.
Aber nicht nur die Temperatur ist ein wichtiger Umweltfaktor. Auch Feuchtigkeit, Wind, Bodenbeschaffenheit, vorherrschender Bewuchs, Versteckmöglichkeiten, verfügbare Nahrung, eventuell vorhandene Konkurrenten um die zur Verfügung stehenden Ressourcen – um nur die wichtigsten zu nennen – spielen eine Rolle. Und die Wahrscheinlichkeit, dass sich einer der vielen Faktoren ändert, ist groß – Konstanz ist also eher die Ausnahme. Oft wechseln die Bedingungen von einem Jahr zum nächsten.

Die Reaktion auf sich ändernde Umweltfaktoren ist also für Lebewesen etwas Normales. Die daraus resultierenden Änderungen in den Merkmalen einer Population bezeichnet man als Selektion. Sie wirkt auf alle Eigenschaften eines Lebewesens, also auf Stoffwechselvorgänge, wie z. B. die Nutzung von Nährstoffen, auf die körperliche Gestalt, wie z. B. die Beschaffenheit der Extremitäten, oder auf das Verhalten, z. B. beim Vogelzug. Wir werden noch sehen, dass es neben der Umwelt auch andere Selektionsfaktoren gibt, etwa Eigenheiten bei der Partnerwahl. Auch der Mensch kann steuernd in die Selektion eingreifen – und tut dies z. B. bei der Pflanzen- und Tierzucht.

Wählt er aus einem Wurf von Hunden z. B. diejenigen aus, die besonders lange Beine haben, und züchtet mit diesen weiter, werden im Idealfall die neuen Welpen alle etwas längere Beine haben. (Nämlich dann, wenn die Langbeinigkeit genetisch bedingt war und das Merkmal nicht durch Rekombination »verwässert« wurde.) Er kann nun aus den bereits etwas langbeinigeren Hunden wieder diejenigen mit den längsten Beinen auswählen und weiterzüchten. Damit selektiert er das Merkmal Langbeinigkeit. Das Ziel kann so lange weiterverfolgt werden, wie es die genetische Variabilität der entsprechenden Art zulässt. Und dass Hunde in vielerlei Hinsicht sehr variabel sind, zeigen die vielen unterschiedlichen Rassen.

Alle heute bekannten Hunderassen gehen auf den Wolf zurück. Er trägt bereits die ganze Vielfalt an Möglichkeiten in seinem Genom – abgesehen natürlich von Mutationen, die erst nach der Abspaltung der ersten Haushunde auftraten. Zu Beginn der Domestikation (Haustierwerdung) wurden sicher diejenigen Tiere vom Menschen bevorzugt, also im Lager geduldet, die am

Vom Wolf stammen all die so unterschiedlichen Hunderassen ab. Er trägt die Vielfalt bereits in seinen Genen.

wenigsten scheu und aggressiv waren. Nur sie konnten sich fortpflanzen, es wurden also bestimmte Charakteristika selektiert – in diesem Fall die Vertrautheit mit Menschen. Zu den gezielt geförderten Eigenschaften gehörten recht bald auch Merkmale wie die Eignung als Wach- oder Hütehund. Erst später wurden körperliche Eigenheiten wichtig, etwa Kurzbeinigkeit für Rassen, die wie der Dackel Wild im Bau aufstöbern sollten, oder rein »modische Besonderheiten«, wie sie etwa Kampfhunde oder Windhunde zeigen.

Warum nun gibt es in der freien Natur nicht viele verschiedene Wölfe, wenn doch das Potenzial im Genom schon angelegt ist? Das liegt an der schon beschriebenen Stabilisierung von Eigenschaften in Richtung »Normwert«. In der Natur hat eben ein Wolf mit längeren Beinen oder ein besonders zahmer keinen Vorteil, ein solches Merkmal wird sich nicht durchsetzen. Viele Eigenschaften von Zuchttieren bedingen sogar Nachteile, die nur durch die menschliche Obhut und Pflege ausgeglichen werden. In der freien Natur wären die

Ein Birkenspanner (oben) ist auf der hellen Rinde kaum zu erkennen; die schwarze Form (unten) fällt dagegen auf. Auf dunkler Borke wäre es genau umgekehrt.

entsprechenden Rassen oft nicht überlebensfähig. So macht die einigen Hunderassen, etwa Mops oder Pekinese, angezüchtete Kurzschnauzigkeit anfällig für Krankheiten der Atmungsorgane.

Zur Verdeutlichung der Mechanismen noch ein viel zitiertes Beispiel für Selektion aus der freien Natur: Der Birkenspanner ist ein Schmetterling, der durch seine helle Färbung auf der weißen Birkenrinde hervorragend getarnt ist. Dunkel gefärbte Exemplare, die es in der Population gab, wurden von den Vögeln schnell entdeckt und gefressen, blieben also in der Minderheit. Eine neue Situation trat ein, als im Zeitalter der Industrialisierung durch den vermehrten Rußausstoß die Birkenrinde sich schwärzlich verfärbte. Nun wurden die dunklen Schmetterlinge von den Vögeln nicht mehr entdeckt, konnten sich häufiger fortpflanzen und erhöhten ihren Anteil innerhalb der Population deutlich. Der Selektionsvorteil war auf ihrer Seite. Das änderte sich allerdings wieder in der jüngeren Vergangenheit, als durch die Erfolge im Umweltschutz die Rußbelastung sank. Nun nahm der Anteil an weißen »normalen« Birkenspannern wieder zu.

Wichtig für die Wirksamkeit jeglicher Selektion ist stets das Vorhandensein einer großen genetischen Vielfalt, einer Vielfalt in den Eigenschaften einer Population, entstanden durch Mutation und Rekombination. Denn nur auf Merkmalsunterschiede, die schon vorhanden sind, kann die Selektion wirken. Gäbe es nicht von vornherein ein paar schwarze Birkenspanner in der Population, könnte die Selektion nicht wirksam werden. Deshalb ist es von Vorteil für jede Population, wenn sie besonders groß ist. Und deshalb werden im Allgemeinen auch wesentlich mehr Nachkommen produziert, als zur Aufrechterhaltung der Populationsstärke notwendig wären. Durch diese Überproduktion wird die Vielfalt erhöht und der Verlust weniger gut angepasster Individuen ausgeglichen.

Um es noch einmal klar zu sagen: Die Selektion bringt im eigentlichen Sinn nichts Neues hervor. Sie begünstigt nur bestimmte schon vorhandene Eigenschaften. Der vielgebrauchte Satz, eine Art habe sich an irgendeine Umweltbedingung angepasst, ist also genau besehen falsch. Die Anpassung war schon vorher da – zufälligerweise. Der Birkenspanner hat ja nicht dunkle

Individuen hervorgebracht, weil die Birkenrinde schwärzer geworden ist, sondern schon vorhandene dunkle Individuen wurden durch die geänderten Umweltbedingungen bevorzugt.
Natürlich müssen nicht alle Merkmale genetisch fixiert sein, also auf Mutationen im Erbgut beruhen. Viele Hochgebirgspflanzen wachsen z. B. auf den Berggipfeln bei hoher UV-Einstrahlung kurzstängelig, treiben aber in den botanischen Gärten im Tal lange Stängel aus (mit weniger auffälligen Blüten). Auch nach vielen Generationen in Tieflagen (mit langen Stängeln) bilden sie wieder kurze Stängel, wenn man sie ins Hochgebirge umsetzt. Die Stängellänge ist also in diesem Fall lediglich eine Reaktion auf Umweltbedingungen und nicht im Genom fixiert. Auch wenn sich in einer Population von Makaken das Waschen von Süßkartoffeln durchsetzt (zunächst zufällig von einem Individuum »erfunden«), ist das auf eine neue Tradition (durch Nachahmung) zurückzuführen, hat also nichts mit Mutation zu tun.
Im Einzelfall ist es oft schwer, festzulegen, worauf eine bestimmte Eigenschaft eines Individuums beruht. Das führt auch beim Menschen immer wieder zu hitzigen Diskussionen, ob individuelle Merkmale wie z. B. Sprachbegabung vererbt sind oder durch Erziehung beeinflusst werden können. Eine Entscheidung ist nur selten eindeutig zu treffen, da die meisten Eigenschaften von sehr vielen Faktoren abhängen – sowohl genetischen als auch umweltbedingten.

Das ist mein Bett

Wir haben gesehen, dass alle Lebewesen von einer Vielzahl von Umweltfaktoren abhängen, sowohl der unbelebten als auch der belebten Natur. Im Idealzustand sind sie optimal an die Summe der Faktoren angepasst, d. h. die vorherrschende Temperatur oder Feuchtigkeit erlaubt beste Lebensbedingungen, die Färbung des Untergrunds bietet hervorragenden Schutz vor Fressfeinden, die bevorzugte Nahrung ist ausreichend vorhanden usw. Alle diese Faktoren, die zum Überleben einer Art notwendig sind, bezeichnet man als deren ökologische Nische.
Jede Art sucht sich ihre eigene Nische und geht damit der Konkurrenz mit anderen Arten aus dem Weg. Grünfinken fressen Sämereien, Rotschwänzchen Insekten. Heckenbraunellen suchen ihre Nahrung am Boden oder in Bodennähe, Blaumeisen in den Zweigen, Buntspechte am Baumstamm, und während Wintergoldhähnchen winzige Beute von der Astunterseite sammeln, bevorzugen Sommergoldhähnchen etwas größere Beutetiere auf der Astoberseite. Je genauer man hinschaut, desto feiner kann man die Nischen unterteilen. Oft nutzen Arten auch zeitlich differierende Nischen. Während insektenfressende Vögel tagsüber auf Jagd sind, bedienen sich Fledermäuse an der gleichen Nahrungsquelle in der Nacht.
Das Vorhandensein der passenden Nische ist Voraussetzung für das Überleben einer Art. Wandeln sich die Faktoren und damit die Nische, wirkt die Selektion in Richtung einer Veränderung der Eigenschaften der Art, wie wir es am Beispiel einer Temperaturerhöhung um 2 °C gesehen haben. Kann das genetische Potenzial der Art dem Wandel nicht Rechnung tragen, wird die Art von einer besser angepassten verdrängt und stirbt aus.
Treffen Arten auf freie ökologische Nischen, können sie diese besetzen und sich sogar in neue Arten aufspalten. Recht gut ist dies bei sogenannten Gründerpopulationen auf Inseln untersucht. Das bekanntes-

te Beispiel sind die Darwinfinken der Galapagos-Inseln. Vor 2–3 Millionen Jahren verschlug es einen kleinen Schwarm einer Urform auf die Inseln. Da es dort keine Konkurrenten gab, konnten sie eine Vielzahl freier ökologischer Nischen besetzen. Heute kennt man insgesamt 13 Arten auf den Galapagos-Inseln, darunter der dickschnäbelige Große Grundfink (ernährt sich von sehr harten Samen), der kleine Grundfink (weiche Samen, gelegentlich Insekten), der Mittlere Baumfink (Insekten und Früchte) und der dünnschnäbelige Laubsänger- oder Trillerfink (Insekten). Der Spechtfink hat sogar gelernt, Kaktusstacheln als Werkzeug zum Hervorstochern von Insekten zu benutzen, und die Spitzschnabel-Grundfinken der Insel Wolf ernähren sich teilweise parasitisch vom Blut von Seevögeln, indem sie in deren Haut picken und das austretende Blut auflecken (Vampirfink). Neben der Spezialisierung auf unterschiedliche Nahrung haben sich die Arten auch in Bezug auf die bevorzugten Lebensräume differenziert.

Doch nicht nur auf Inseln mit freien ökologischen Nischen entstehen neue Arten. Das klassische Modell der Artentstehung sieht als Voraussetzung die genetische Isolation. Werden 2 Populationen einer Art voneinander getrennt, z. B. durch ein Gebirge, einen großen Fluss oder Ähnliches, wird der Genaustausch unterbrochen (weil ja keine Fortpflanzungspartner der beiden Populationen mehr zueinander finden). Das führt dazu, dass sich die Populationen unterschiedlich entwickeln, sei es, dass sich Umweltfaktoren in den beiden Lebensräumen unterschiedlich verändern, oder sei es, dass die beiden Populationen unterschiedliche Antworten auf die gleiche Herausforderung in ihrem Lebensraum finden. Hält die Trennung lange genug an, haben sich irgendwann so viele Unterschiede zwischen den Populationen angesammelt, dass kein fortpflanzungsfähiger Nachwuchs mehr entstehen kann. Es haben sich 2 Arten gebildet.

In seltenen Fällen kommt es auch innerhalb des gleichen Lebensraumes zur Entstehung neuer Arten aus einer Urform. Ein bekanntes Beispiel sind die Buntbarsche der ostafrikanischen Seen. So hat man herausgefunden, dass in der evolutionsbiologisch sehr kurzen Zeit von etwa 100 000 Jahren im Viktoria-See über 500 neue Buntbarsch-Arten entstanden sind. Das ist der Kurzzeit-Rekord für die Artbildung im Tierreich.

Meist dauert die Artbildung allerdings viel länger und bemisst sich in vielen Millionen Jahren. Oft ist das »Ziel« (das es ja – wie wir gesehen haben – eigentlich nicht gibt), in frühen Stadien der Evolution nicht erkennbar. So weiß man heute, dass das Federkleid, das den Vögeln den Flug ermöglicht, bereits von bestimmten Dinosauriern entwickelt wurde. Es diente diesen flugunfähigen Vorfahren der Vögel zur Wärmeisolation.

Du bist mir so ähnlich

Auf den ersten Blick haben das Vorderbein einer Antilope, ein Grabbein eines Maulwurfs, der Flügel einer Fledermaus und die Vorderflosse eines Delfins wirklich keine große Ähnlichkeit. Vergleicht man jedoch den inneren Aufbau, das heißt das Skelett, findet man Gemeinsamkeiten, die nicht zufällig sein können: Alle genannten Tiere besitzen einen Oberarm sowie einen aus Elle und Speiche bestehenden Unterarm. Handwurzel- und Mittelhandknochen finden sich ebenfalls bei allen Tieren. Und ganz am Ende der Extremität kommen 5 mehr oder weniger lange Finger, von denen einige jedoch derart verkümmert sein können, dass man sie nicht mehr sieht. Kurz gesagt: Sowohl die Lage wie auch die Anzahl der verschiedenen Knochen stimmen in etwa überein.

Aber auch andere Organe der Wirbeltiere wie Wirbelsäule, Augen oder Verdauungssystem lassen trotz unterschiedlicher Ausprägung erkennen, dass sie einem gemeinsamen Grundbauplan zuzuordnen sind. So wird bei genauerem Hinsehen in der zunächst unüberschaubar scheinenden Mannigfaltigkeit lebendiger Strukturen eine Gliederung in Typen deutlich. Beruht diese Übereinstimmung von Organen darauf, dass die verschiedenen Organismenarten über gleichartige Erbinformationen verfügen, dann bezeichnet man diese Organe als homolog.

Homologien finden sich jedoch nicht nur bei äußeren oder inneren Organen, auch angeborene Verhaltensweisen oder biochemische Merkmale können homolog sein. Untersucht man z. B. den Aufbau der Antikörper verschiedener Tierarten, stellt man schnell fest, dass nah verwandte Arten auch ähnliche Antikörper haben. Das gleiche gilt für die Erbinformation der Organismen. Hier kann die Wissenschaft ganz exakt den Grad der Übereinstimmung bestimmen und so Rückschlüsse auf den Verwandtschaftsgrad ziehen. So stimmen etwa Mensch und Bonobo-Schimpanse unter genetischen Gesichtspunkten gesehen zu 98,7 % überein, das heißt die genetische Distanz der beiden Arten beträgt gerade einmal 1,3 %!

Ein Vergleich der Homologiekriterien heute lebender Arten und von Fossilfunden erlaubt ein Ordnen nach Ähnlichkeiten. Je weiter die Vergleichsobjekte voneinander entfernt sind, desto weniger gemeinsame Merkmale haben sie. Die Homologie hat also eine wichtige Funktion in der Evolutionsforschung, da man mit ihr den Grad der Verwandtschaft zwischen den Arten bestimmen kann.

Das Bein einer Katze und das Bein eines Käfers stimmen hinsichtlich ihrer Funktion überein. Beide dienen der Fortbewegung auf dem Land. Katzen- und Käferbein haben jedoch unterschiedliche Baupläne. Während das Katzenbein ein knöchernes Innenskelett aufweißt, wird das Käferbein durch ein chitinhaltiges Außenskelett gestützt. Katzen- und Käferbein sind daher nicht homolog. Nichthomologe Organe mit gleicher Funktion werden in der Wissenschaft als analog bezeichnet. Analogien entstehen, wenn sich Lebewesen mit unterschiedlicher Abstammung an den gleichen Lebensraum anpassen. Wissenschaftler bezeichnen dieses Phänomen als konvergente Entwicklung oder als Konvergenz.

Ein gutes Beispiel für eine Analogie sind die Flossenbildungen, die ja bekanntermaßen bei Fischen, aber auch bei Walen auftreten. Die Flossen der Wale erfüllen zwar die gleiche Funktion und besitzen eine ähnliche Form wie die der Fische, haben sich stammesgeschichtlich jedoch aus den Gliedmaßen der ehemals landlebenden Säugetiere entwickelt. Weitere Analogien findet man bei den Flügeln von Vögeln, Fledertieren und Flugsauriern, den papageienartigen Schnäbeln bei Kopffüßern und Papageien sowie bei den entenartigen Schnäbeln bei Enten, Schnabeltieren und Entenschnabelsauriern.

Obwohl man sie auf den ersten Blick durchaus für eine Schlange halten könnte, gehört die Blindschleiche zu den Echsen, ist also mit einer Zauneidechse deutlich näher verwandt als mit einer Ringelnatter. Die Beine der Blindschleiche wurden nämlich im Verlauf der Evolution vollständig zurückgebildet, weshalb rein äußerlich bei den Schleichen keine Extremitätenreste mehr zu beobachten sind. Im Körperinneren lassen sich jedoch durchaus noch Knochenreste von Schulter- und Beckengürtel nachweisen. Solche rückgebildeten Reste von Organen, die im Laufe der Evolution ihre Funktion verloren und dadurch überflüssig wurden, bezeichnet man als Rudimente. Rudimentäre Organe finden sich auch beim Menschen, z. B. der Wurmfortsatz des Blindarms, die Weisheitszähne oder die Körperbehaarung.

Vom Tarnen und Täuschen

Fressen und nicht selbst gefressen werden, sich fortpflanzen und die eigenen Gene weitergeben – das ist es, worauf es im Wesentlichen im Tierreich ankommt. Die Fähigkeiten, sich zu tarnen oder andere Lebewesen zu täuschen und in die Irre zu führen, sind dabei oft wichtige Strategien, um im alltäglichen Kampf ums Dasein die entscheidende Nasenlänge vorn zu sein.
Mit Tarnen und Täuschen als Überlebensstrategie gelingt es nämlich viel leichter, sich vor potenziellen Fressfeinden in Sicherheit zu bringen, bei der Jagd nach Beute eine günstigere Ausgangsposition zu erobern oder aber dafür zu sorgen, dass das eigene Erbgut weitergegeben wird und nicht das eines Rivalen. So kann man sich einen überlebenswichtigen Vorteil verschaffen.
Tarnung – Verhaltensbiologen sprechen im Tierreich von Krypsis – ist ein Vorgang oder ein Zustand, der darauf abzielt, irreführende Signale an andere Lebewesen zu senden. So ist z. B. ein Löwe aufgrund seines gelben Fells selbst aus nächster Nähe kaum von den in Trockenperioden ebenfalls gelben Steppengräsern zu unterscheiden; ebenso ist ein Eisbär dank seines weißen Pelzes im ewigen Eis des nördlichen Polarmeers hervorragenden getarnt. Der Polarfuchs kann seine Fellfarbe sogar an die Jahreszeit anpassen: Nur im Winter ist sein Fell völlig weiß, im relativ milden Sommer trägt der kleine Räuber dagegen ein braunes Haarkleid, mit dem er in der aufgetauten morastigen Steppenlandschaft ausgezeichnet getarnt ist.
Die schwarz-weiße Färbung der Pinguine erweist sich zwar nicht auf dem Land, wohl aber im Meer als perfekte Tarnung: Von unten gesehen bildet der weiße Bauch kaum Kontrast gegen den hellen Himmel, von oben ist der schwarze Rücken gegen den dunklen Meeresgrund kaum zu erkennen.
Tintenfische können sogar innerhalb von Sekundenbruchteilen mit Hilfe spezieller Farbzellen in der Haut, sogenannter Chromatophoren, ihre Farbe verändern und sich so perfekt an ihre Umgebung anpassen, dass sie selbst einem geübten Betrachter nicht auffallen. Für den Fall der Fälle besitzen die cleveren Weichtiere allerdings noch einen weiteren Tarnmechanismus, dem sie auch ihren Namen verdanken: Bei Gefahr stoßen sie einfach eine schwarze Flüssigkeit aus, die eine dunkle Wolke bildet und dem Angreifer sowohl Sicht als auch Geruchssinn derart vernebelt, dass den Tintenfischen genügend Zeit bleibt, sich in aller Ruhe aus der Gefahrenzone zurückzuziehen.
Nicht immer ist der tatsächliche Wert einer Tarnung auf den ersten Blick zu erkennen. So erscheint uns das schwarz-weiß gestreifte Fell eines Zebras, wenn wir es in einem Zoo in Augenschein nehmen, zunächst als besonders auffällig. Das ändert sich jedoch sofort, wenn wir Zebras in ihrer natürlichen Umgebung und aus dem Blickwinkel eines hungrigen Löwen betrachten. Denn im Flirren der tagsüber oft erhitzten

(x) Stechmücken mögen keine Streifen! (2013)

trockenen Savannenböden und inmitten der hochgewachsenen Gräser oder im Schatten der Bäume erweist sich die Streifung als perfekter Sichtschutz, verschwimmen doch Streifen und Farbe unter diesen Bedingungen regelrecht mit der Umwelt und lösen die Konturen des einzelnen Tieres auf. Besonders schwierig wird es für die Raubkatze, wenn mehrere Zebras eng zusammenstehen, denn dann kann sie vor lauter Streifen ein einzelnes Zebra nicht mehr als solches erkennen. Diese Art der Tarnung, die von Wissenschaftlern als Somatolyse (altgriech.: Auflösung des Körpers) bezeichnet wird, ist natürlich nicht auf Längsstreifen beschränkt.

Eine ganz besondere Form der Tarnung ist die sogenannte Mimese, bei der ein Lebewesen durch Gestalt, Farbe und Haltung einen Teil seines Lebensraums so gut nachmacht, dass Feinde es nicht mehr von seiner Umgebung unterscheiden können. Im Gegensatz zur »klassischen Tarnung«, die ein Lebewesen unsichtbar machen soll, werden bei der Mimese Tier oder Pflanze von einem potenziellen Fressfeind zwar noch wahrgenommen, aber für etwas völlig Uninteressantes gehalten. Diese Anpassung an die Umwelt verschafft dem Tier oder der Pflanze natürlich einen klaren Selektionsvorteil.

Ein »Mimese-Klassiker« sind die sogenannten Wandelnden Blätter. Bei diesen zu den Gespenstschrecken zählenden Insekten, die in den Wäldern Südasiens zu Hause sind, ist nämlich der Name Programm. Die nachtaktiven Insekten besitzen als echte Meister der Tarnung die Fähigkeit, Laubblätter täuschend echt nachzubilden. So ist der blattförmige Körper der meist grün oder braun gefärbten Gespenstschrecken stark abgeflacht und weist angedeutete Blattadern und einen Stiel auf, ganz wie ein richtiges Blatt. Einige Arten haben diese Art

Wandelnde Blätter imitieren ganz vorzüglich ihre Vorbilder aus dem Pflanzenreich.

der Tarnung sogar noch perfektioniert: Sie besitzen obendrein blattförmige Beine, und als Tüpfelchen auf dem i sind am Körperrand dunkle Flecken zu erkennen – ähnlich wie bei vertrockneten Stellen von Laub.

Auf besonders unappetitliche Tarnung setzen die frischgeschlüpften Raupen eines unserer schönsten heimischen Schmetterlinge, des Schwalbenschwanzes. Die kleinen Raupen sind nämlich schwarz gefärbt und haben einen weißen Fleck auf dem Rücken. Mit dieser Färbung sehen sie Vogelkot täuschend ähnlich und sind dadurch aus verständlichen Gründen vor Fressfeinden gut geschützt. So kann man im Tierreich eben auch gerade dank eines wirklich schlechtes Aussehens überleben. Wissenschaftler bezeichnen diese für das menschliche Auge nicht gerade besonders ansprechende Tarnung übrigens als Vogelkot-Mimese.

Anderen Lebewesen geht es nicht darum, möglichst wenig aufzufallen. Nein, ganz im Gegenteil, sie wollen geradezu ins Auge stechen: Viele giftige und wehrhafte Tiere, z. B. Wespen und Hornissen, tragen eine Warntracht in auffälligen Farben, meist

Schwebfliegen erinnern in ihrer Färbung an Wespen und halten sich so Fressfeinde vom Leib.

Schwarz mit grellen Orange-, Rot- und Gelbtönen. Der Zweck dieser Warntracht besteht darin, dass sich ein Fressfeind anhand des einprägsamen Äußeren des potenziellen Beutetieres die negative Erfahrung (z. B. gestochen oder gebissen zu werden) merkt und derart gefärbte Tiere in Zukunft meidet.

Im Laufe der Evolution haben sich zahlreiche eigentlich harmlose Tiere dieses Abschreckeffektes bedient und – sozusagen als Trittbrettfahrer – das Aussehen giftiger, wehrhafter oder aber ungenießbarer Arten mit zum Teil unglaublicher Perfektion imitiert. Diese Art der Nachahmung zur Täuschung von Feinden wird von Biologen als Mimikry bezeichnet. So imitieren harmlose Schwebfliegen ganz ausgezeichnet die schwarz-gelbe Warntracht gefährlicher Wespen. Nähert sich der Schwebfliege ein Vogel, der vielleicht bereits von einer Wespe gestochen wurde, profitiert diese oft vom schlechten Image der Wespen und kommt dank der genialen Täuschung mit dem Leben davon.

Aber es gibt nicht nur eine optische, sondern auch eine akustische und sogar eine chemische Mimikry. So greift beispielsweise die nordamerikanische Kaninchen-eule, die es sich – ganz untypisch für eine Eule – unter der Erde in den verlassenen Bauten von Präriehunden gemütlich gemacht hat, bei Gefahr zu einem ebenso ungewöhnlichen wie raffinierten Trick: Mit kräftigem Schnabelgeklapper ahmt sie einfach täuschend echt das warnende Rasselgeräusch einer giftigen Klapperschlange nach – und schon suchen sämtliche Fressfeinde aus Angst, dem tödlichen Reptil zum Opfer zu fallen, schleunigst das Weite.

Nun wird Mimikry im Tierreich nicht nur benutzt, um potenzielle Angreifer zu täuschen. Auch einige räuberische Tiere haben sich, ähnlich wie der berüchtigte Wolf aus dem Grimmschen Märchen, der sich durch »Trickbetrug« Zugang zu den 7 Geißlein verschaffte, darauf spezialisiert, durch allerlei Verkleidungs- und Täuschungsmanöver Beutetiere anzulocken. Wissenschaftler bezeichnen diese Form der Mimikry als Angriffs- oder Peckhamsche Mimikry.

Eines ganz üblen Tricks bedienen sich die Weibchen der nordamerikanischen Leuchtkäfergattung *Photuris*: Um Beute anzulocken, imitieren sie perfekt die Länge und den Rhythmus der Leuchtsignale der Weibchen der Leuchtkäfergattung *Photinus*, die diese aussenden, um sexhungrige Männchen zu einem Schäferstündchen einzuladen. Nähern sich jetzt *Photinus*-Männchen arglos der vermeintlichen Geschlechtspartnerin, erleben sie eine böse Überraschung, die auch meist ihre letzte ist, denn die *Photuris*-Weibchen können die frisch gelandeten liebestrunkenen Männchen leicht überwältigen. Einige *Photuris*-Arten verfügen sogar über ein ganzes Repertoire an Lichtsignalen mehrerer Leuchtkäferarten, das sie einsetzen können.

Ein »chemisches Tarnkleid« benutzen dagegen einige Blattlausschlupfwespen, um in Blattlauskolonien einzudringen, die von Ameisen streng bewacht werden. Die Ameisen schützen die Blattläuse nämlich üblicherweise vor deren Fressfeinden und dürfen sich dafür im Gegenzug beim Honigtau bedienen, einem kohlenhydratreichen Saft, den die Blattläuse über spezielle Drüsen im Afterbereich absondern. Die Blattlausschlupfwespen schmuggeln sich an den strengen Kontrollen der Ameisenwächter vorbei, indem sie das chemische Erkennungsmuster der Blattläuse nachahmen, und können dann völlig unbehelligt ihre Eier wie geplant in den Blattläusen ablegen.

Wer ist der Boss?

Im Tierreich gibt es zwischen Männchen und Weibchen im Erscheinungsbild oft deutliche Unterschiede. So sind bei den Säugetieren und vielen Vögeln die Männchen oft größer und schwerer als die Weibchen. Gorilla-Männchen werden beispielsweise bis zu 200 kg schwer, während ihre Weibchen vergleichsweise bescheidene 70–90 kg auf die Waage bringen.
Unterschiede finden sich häufig auch in der Körperbehaarung. Besonders deutlich sieht man dies bei den Löwen, wo das Männchen eine imposante Mähne aufweist, die dem Weibchen fehlt. Oft sind auch die Zähne bei Männchen deutlich größer, wie z. B. bei den Schweinen oder Walrossen, bei denen die Männchen die weitaus größeren Eckzähne haben. Und beim Indischen Elefanten sind – im Gegensatz zu seinem afrikanischen Vetter – eben nur die Männchen mit Stoßzähnen bewaffnet. In der Vogelwelt sind die Männchen meist wesentlich prächtiger gefärbt als die Weibchen und besitzen häufig ein deutlich opulenteres Federkleid. Einige Tiere, z. B. Fische oder Stockenten, zeigen die Unterschiede zwischen den Geschlechtern allerdings nur zur Paarungszeit.
Wissenschaftler bezeichnen diese Unterschiede zwischen männlichen und weiblichen Lebewesen der gleichen Art, die sich nicht auf die Geschlechtsorgane selbst beziehen, als Sexualdimorphismus (»sexus« = Geschlecht, »di« = 2, »morphe« = Gestalt).
Ein Teil dieser Unterschiede lässt sich durch die natürliche Evolution erklären, geht es doch im Tierreich fast stets darum, sich gegen männliche Konkurrenten der eigenen Art durchzusetzen, um sich erfolgreich zu paaren und so die eigenen Gene weiterzugeben. So bilden sich Merkmale aus, die, wie etwa das Geweih der Hirsche, beim Kampf um das Paarungsvorrecht als Angriffswaffe eingesetzt werden können. Die Mähne des männlichen Löwen dient bei den gleichen Kämpfen als Schutz vor Verletzungen.
Welchen Zweck erfüllt jedoch der sofort ins Auge fallende Geschlechtsdimorphismus bei den Pfauen? Bei diesen aus dem asiatischen Raum stammenden Hühnervögeln sind die Männchen nicht nur deutlich größer und schwerer, sondern auch ungleich prächtiger gefärbt als die Weibchen. Kennzeichnend für die Pfauenmännchen sind die stark verlängerten, leuchtend gefärbten Oberschwanzdecken, die weit über den Schwanz hinausragen und eine mit grellbunten Augenzeichnungen versehene Schleppe bilden. Diese Schleppe können die Hähne bei der Balz wie ein fächerförmiges Rad ausbreiten. Auf den ersten Blick scheint die lange Schleppe eher hinderlich zu sein und bewirkt auch eine deutliche Verminderung des Flugvermögens. Tatsächlich erfüllt diese freiwillige Behinde-

Die schwere Schleppe ist für den Pfau eigentlich ein Nachteil. Bei der Balz zum Rad aufgeschlagen, macht sie ihn allerdings für Hennen attraktiv.

rung einen evolutionären Zweck. Denn die Beschaffenheit dieser Schleppe ist es, die den Hahn bei den Weibchen so attraktiv macht. Das prächtige Gefieder des Hahns mit den auffälligen Deckfedern ist für die Weibchen eine Art Indikator für seine genetische Fitness. So zeigt die moderne Verhaltensforschung, je mehr Augen die Schmuckfedern aufweisen und je größer diese Augen sind, desto größer ist der Fortpflanzungserfolg des Männchens. In den Augen der Damenwelt gilt nämlich ein Pfauenmann, der solche Auffälligkeiten aufweist, als besonders kräftig und gesund und wird deshalb als relativ sicherer Garant für gesunden, lebensfähigen Nachwuchs angesehen.
Die evolutionäre Zwickmühle, in der die Pfauen stecken – der lange Schwanz behindert sie zwar, ist aber wiederum für die Fortpflanzung unerlässlich –, wird nach den beiden israelischen Biologen Amotz und Avishag Zahavi als Handicap-Prinzip bezeichnet. Diese Theorie beschreibt den Umstand, dass derjenige, der sich ein Handicap (einen Nachteil) leisten kann und dennoch den Wettbewerb mit seinen Konkurrenten erfolgreich übersteht, von seiner Umwelt als besonders lebenstüchtig, potent und insofern – gerade auch unter sexuellen Gesichtspunkten – als sehr attraktiv wahrgenommen wird. Anders ausgedrückt: Die Weibchen fahren mitnichten nur der Schönheit willen auf »schöne Männer« mit vermeintlich nutzlosen männlichen Statussymbolen ab. Dafür ist Sex dann doch eine viel zu ernste Angelegenheit.
Nicht immer aber sind es die Männer, die im Tierreich die Großen und die Prächtigen sind. Auch hier gilt: Ausnahmen bestätigen die Regel. Es gibt im Tierreich nämlich durchaus Arten, bei denen das Männchen deutlich kleiner ist als das Weibchen. So wirken die Männchen der für ihren tödlichen Biss bekannten Schwarzen Witwe mit 3 mm Länge geradezu schmächtig gegenüber den fast 3-mal so großen Weibchen dieser Spinnenart. Sex unter Spinnen ist für das Männchen oft eine lebensgefährliche Angelegenheit, da die Spinnendamen fast alle Kannibalinnen sind und ihre Lover nach oder sogar bereits während der Paarung quasi als »dinner for one« verspeisen. Einige Wissenschaftler vermuten im männlichen Zwergenwuchs eine Anpassung an diese für den Liebhaber bedrohlichen Verhältnisse, denn als halbe Portion kann man sich nach dem Sex offensichtlich unauffälliger verdrücken.
Ausgerechnet in den lichtlosen Tiefen der Ozeane finden wir vermehrt Tiere, bei denen das Männchen als Zwergmännchen deutlich kleiner ist als das Weibchen. So können bei den Tiefsee-Anglerfischen die Weibchen eine Größe von 40 cm erreichen, während die Männchen gerade einmal 2 cm messen. Interessant gestaltet

sich auch die Fortpflanzung der so unterschiedlich großen Sexualpartner: Bereits beim ersten Stelldichein verwachsen die Miniaturmänner mit dem für sie so übergroßen Weibchen. Hat ein Männchen mit Hilfe seiner Augen und des gut ausgebildeten Geruchssinnes nämlich erst mal ein Weibchen gefunden, beißt es sich an diesem fest. Mit der Zeit bilden sich dann die Kiefer des Männchens zurück, und die Haut sowie die Blutgefäße beider Tiere verwachsen miteinander. Alle Organsysteme des Männchens werden reduziert, die Ernährung erfolgt anschließend nur noch über den Blutkreislauf des Weibchens. So führt das Männchen, ausgestattet mit Hoden, die fast die ganze Leibeshöhle ausfüllen, ein Leben als festgewachsener Samenspender an der Seite des Weibchens, bis der Tod die beiden scheidet.

Was bringt die Zukunft?

Wie wird wohl die Entwicklung des Lebens in der Zukunft verlaufen? Auch darüber machen sich Wissenschaftler an vielen Instituten und Universitäten Gedanken. Eine Schlüsselrolle kommt bei solchen Überlegungen dem Klima zu. Es hängt von vielen Faktoren ab – in geologischen Zeiträumen ganz wesentlich von den tektonischen Vorgängen in der Erdkruste. Wie wandern die Kontinente und ändern dabei ihre Position im Verhältnis zu Äquator und Polen? Wo entstehen neue Gebirge, und welche verschwinden? Was bedeuten diese Änderungen für das Klima, und wie wirkt sich das wiederum auf die Lebewesen aus?
Neue Evolutionsschritte sind beispielsweise zu erwarten nach Massensterben, wie sie in der Folge von starken vulkanischen Aktivitäten oder gar nach Einschlägen großer Meteorite bereits erfolgt sind. Die dann frei werdenden ökologischen Nischen werden im Verlauf von Jahrmillionen von sich neu bildenden Arten besetzt.
Doch wie könnten die Arten der Zukunft aussehen? Was ist alles denkbar? Stellen Sie sich z. B. vor, Sie wollen mit Ihrem Auto wegfahren, und es springt nicht an. Als Ursache stellen Sie schließlich fest, dass sich in Ihrem vollen Tank kein Treibstoff mehr befindet, sondern eine Flüssigkeit, die kein Motor verbrennen kann. Ursache ist der sogenannte Benzinfresser, ein Mikroorganismus, der Treibstoffe abbaut und seine Energie aus diesen Umbauprozessen gewinnt. So weit hergeholt ist dieses Szenario nicht. Mikroorganismen sind in Bezug auf Stoffwechselvorgänge und Abbauprozesse wahre Alleskönner. Treibstoffe wären eine energiereiche Nahrungsquelle und stehen in unzähligen Tanks und Transportsystemen zur Verfügung. Und bisher haben irgendwelche tierischen »Schädlinge« noch alle Nahrungspflanzen und Vorräte, die der Mensch auf großen Feldern anbaute oder in geräumigen Speichern verstaute, für sich zu nutzen gewusst. Es ist nur eine Frage der Zeit …
Vielleicht werden zukünftig auch ganz neue Lebensräume erschlossen. Noch weitgehend frei von Organismen sind beispielsweise die endlosen Wolkenschichten der Atmosphäre. Wer weiß, ob sie dereinst von Wolkenschäfchen besiedelt werden. Das sind millimetergroße Abkömmlinge der Insekten, die durch wolleartige feine Härchen viel größer erscheinen und durch diese Fortsätze auch in der Schwebe gehalten werden, ein sogenanntes Luftplankton. Sie ernähren sich von der Feuchtigkeit und feinen pflanzlichen Schwebepartikeln in den Wolken. Und natürlich locken sie Fressfeinde an, die sich auf diese Beute spezialisieren. So könnte ein neues einfaches Ökosystem entstehen.

Blumenratte, Rotohrige

Florarattus rubrum-auriculum

Wichtigste Merkmale Sehr schlanke, grün gefärbte Ratte, die meist aufrecht steht; mit großen, roten, tellerartig ausbreitbaren Ohren.

Aussehen Die etwa 25–30 cm langen Blumenratten sind zweifellos die schlankesten bekannten Säugetiere. Beim aufrechten Stehen in einer Wiese fallen sie kaum zwischen den Pflanzen auf mit ihrer Färbung in verschiedenen Grüntönen. Besonders spektakulär ist es, wenn sie ihre Ohren ausrollen. Diese Organe sind jeweils zweigeteilt, sodass sie 4 etwa 5 cm lange Flächen bilden, besonders dünnhäutig und auf der Oberseite kräftig rot gefärbt. Sie umstehen die Nasenspitze mit dem Maul wie Blütenblätter das Zentrum einer Blüte.

Vorkommen Überall auf blumenreichen Wiesen, von der Ebene bis etwa 1000 m Höhe. Wird insbesondere in den Talauen Translunariens häufig gesichtet. Kann die besonders blumenreichen Bergwiesen nicht besiedeln, da dort die Vegetationsperiode zu kurz ist.

Nahrung Blumenratten sind reine Insektenfresser. Den ganzen Tag stehen sie mit ausgebreiteten Ohren zwischen den Wiesenblumen. Ihre Nase sondert ein süßliches, nektarähnliches Sekret ab. Will ein Insekt auf der vermeintlichen Blüte Nektar oder Pollen sammeln, wird es zur Beute der Blumenratte. Bienen, Hummeln, Schmetterlinge, Fliegen oder Käfer, die sich im Zentrum niederlassen, werden vom Rachen regelrecht eingesogen, Beutetiere, die weiter am Rand der »Blüte« landen, werden von der dehnbaren Zunge gepackt. Bei schönem Wetter werden täglich beachtliche Beutemengen verzehrt; längere Schlechtwetterperioden können wegen des Nahrungsmangels für Blumenratten lebensbedrohlich sein.

Biologie Blumenratten haben eine besonders versteifte Wirbelsäule mit kräftigen Sehnen und Bändern, sodass ihr schlanker Körper beim normalen Gang (mit eingerollten Ohren) nicht durchhängt. Populationen in den gemäßigten Breiten, mit ausgeprägten Wintern, halten eine teilweise 6-monatige Winterruhe in unterirdischen Bauen. Sie sind nur während der Vegetationszeit aktiv, wenn die Blumen blühen und Insekten fliegen. In tropischen Gebieten sind die Tiere das ganze Jahr unterwegs. Blumenratten können mehrere Würfe im Jahr haben, wobei die genaue Zahl von der Länge der Vegetationsperiode abhängt. Die Geburt erfolgt in Erdbauen, wo die 4–6 Jungen auch die ersten Tage gesäugt werden. Wenn sie den Bau verlassen, werden sie noch weitere 10–15 Tage gesäugt, gehen aber vermehrt auf die Jagd nach allerlei Kleingetier. Die Ohren haben sich nach etwa 2 Monaten voll entwickelt, und die Tiere beginnen nun ihre Fangtätigkeit nach Art der Erwachsenen.

Wissenswertes Neben der Rotohrigen gibt es auch **Blauohrige** *(F. caeruleum-auriculum)* und **Gelbohrige Blumenratten** *(F. luteum-auriculum)*. Auf artenreichen Wiesen kommen alle 3 Arten nebeneinander vor und geben dem Lebensraum ein besonderes Gepräge. Bezeichnend ist, dass die Populationsdichte der Blumenratten niemals die Marke von 10 % der Gesamtblütenzahl einer Wiese überschreitet. So wird verhindert, dass die Zahl der Insekten im Lebensraum zu sehr zurückgeht, was letztlich den Blumenratten die Lebensgrundlage nehmen würde.

So lauert eine Blumenratte auf nektarsuchende Insekten.

Beim Laufen werden die roten Ohren zusammengerollt.

Bohrspecht, Blauspecht

Cyanopicus perforatus

Wichtigste Merkmale Überwiegend blauer Specht mit roten Abzeichen; charakteristisch ist der wie ein Bohrer geformte Oberschnabel.

Aussehen Gut 30 cm langer Specht. Oberseits dunkelblau, Unterseite hellblau, rote Abzeichen im Flügel; Kopfplatte und Bartstreif rot, schwarze Augenpartie; der gegabelte Stützschwanz hat schwarze Querbinden. Kennzeichnend ist der 5 bis 7 cm lange, metallisch silbergraue Bohrschnabel.

Vorkommen Reine Waldbewohner; benötigen alte Baumbestände mit dicken, teilweise bereits absterbenden Stämmen. Dabei spielt es keine Rolle, ob es sich um Laub- oder Nadelbäume handelt. Individuenstarke Populationen gibt es vor allem in Blackunddeckerland, Baumarktien sowie Lochhausen.

Nahrung Die Nahrungssuche der Bohrspechte ist ebenso ungewöhnlich wie effektiv. Sie haben sich darauf spezialisiert, Insekten und deren Larven aus morschen Baumstämmen herauszuholen. Dazu bohren sie mit ihrem Schnabel ein Loch in den Baumstamm – direkt neben dem angepeilten Insekt – und holen dann den Leckerbissen mit ihrer langen klebrigen Zunge heraus. Diese Methode ist wesentlich eleganter als die ihrer hämmernden Verwandten. Allerdings erfordert sie ein besonderes Fluggeschick. Um den Bohrschnabel in Rotation zu versetzen, müssen sich die Spechte nämlich im Flug um ihre eigene Achse drehen. Diese Flugtechnik mit kolibrischnellem Flügelschlag und asymmetrisch verdrehten Flügelflächen haben die Vögel zur Perfektion getrieben – und ihnen wird nicht einmal schwindelig dabei. Ob die Spechte auch Bohrfutter fressen, konnte bislang noch nicht endgültig geklärt werden.

Biologie Spektakulär ist die Balz. Dabei versucht das Männchen dem Weibchen zu imponieren, indem es zahlreiche Löcher in Baumstämme bohrt. Diese werden in geometrischen Mustern angeordnet, etwa Kreisen oder Kreuzen. Die Weibchen bewerten die Fitness ihres Freiers offensichtlich auch nach dessen künstlerischen Qualitäten. So gibt es Berichte, dass Bohrspecht-Männchen ihre Bohrlöcher in Herzform angeordnet haben. Reviere des Bohrspechts sind leicht an solchen Figuren in den Baumstämmen zu erkennen.
Das Weibchen legt 3–4 Eier in Baumhöhlen, die 14–16 Tage von beiden Partnern gemeinsam bebrütet werden. Die Nestlingszeit dauert 25–30 Tage. Es soll vorkommen, dass die Jungen im Nest ihren Bohrer ausprobieren und dabei Löcher nach außen in die Nisthöhle bohren. Nach dem Ausfliegen benötigen sie 3–4 Wochen des Übens, bis sie den Bohrer so geschickt einsetzen können wie die Eltern.

Wissenswertes In den intensiv bewirtschafteten Wäldern der Welt bleibt immer weniger Raum für alte, mächtige Baumriesen, die den Bohrspechten Nistplätze und Nahrung bieten. Deshalb sind seine Bestände stark rückläufig. Versuche, die agilen Vögel im Heimwerkerbereich einzusetzen, sind bisher fehlgeschlagen. Den Tieren ist nicht beizubringen, an ganz bestimmten Stellen zu bohren. Allerdings kommt es dort, wo Bohrspechte in den menschlichen Siedlungsbereich vordringen, immer wieder vor, dass in Möbeln oder Holzwänden »probegebohrt« wird.

Beim Bohren dreht sich der Specht geschickt um seine Längsachse und ordnet die Löcher bei der Balz schon mal in Form eines Herzens an.

Einhornmaulwurf

Talpa monodon

Wichtigste Merkmale Maulwurf mit charakteristischem, an den Stoßzahn eines Narwals erinnerndem »Bohrzahn«; die kurzen Vorder- und Hinterbeine sind zu Grabschaufeln ausgebildet, der Schwanz ist breit und flach.

Aussehen Einhornmaulwürfe erreichen eine Kopfrumpflänge von 17–25 cm, der spärlich behaarte, breite, abgeflachte Schwanz ist bis zu 15 cm lang. Das kurze, weiche Fell ist äußerst variabel gefärbt. Die Farbschattierungen reichen von weißgrau über bräunlich bis hin zu einem tiefen Schwarz. Das hervorstechende Merkmal des Einhornmaulwurfs ist sein sogenannter Bohrzahn, bei dem es sich um den linken Schneidezahn des Oberkiefers handelt, der schraubenförmig im Gegenuhrzeigersinn gewunden die Oberlippe durchbricht und bis zu 6 cm lang werden kann. Im Gegensatz zu den Narwalen, bei denen sich der linke Schneidezahn zu einem prominenten Stoß- bzw. Bohrzahn entwickelt hat, tritt dieses Phänomen beim Einhornmaulwurf bei beiden Geschlechtern und nicht nur überwiegend beim Männchen auf.

Vorkommen Ursprünglich lediglich in den ausgedehnten Waldgebieten Fossas zu Hause, hat sich der Einhornmaulwurf zu einem Kosmopoliten entwickelt, der außer in extremen Wüsten und an den Polkappen weltweit verbreitet ist.

Nahrung Die Nahrung des Einhornmaulwurfs besteht zum größten Teil aus Insekten und deren Larven. Gelegentlich werden auch kleine Amphibien und Reptilien verzehrt. In Notzeiten kommt es auch zu Kannibalismus. Trifft der Einhornmaulwurf auf einen Schaufelmaulwurf tötet er ihn sofort, verzehrt ihn jedoch nicht.

Biologie Wie andere Maulwürfe auch verbringen Einhornmaulwürfe den größten Teil ihres Lebens unter der Erde. Dazu legen sie ein gewaltiges aus Wohnkammer und Fressgängen bestehendes Tunnelsystem an, das sich bis zu 2 m tief unter die Erdoberfläche erstreckt. Zum Graben dreht sich der Einhornmaulwurf mit Hilfe seines Bohrzahns regelrecht in den Boden hinein, schiebt die Erde mit den Vorderfüßen nach hinten und drückt sie anschließend mit den Hinterfüßen und dem breiten Schwanz an den Gangwänden fest. Dank des Bohrzahns können Einhornmaulwürfe auch schwere Böden besiedeln, ein Lebensraum, der anderen Maulwurfsarten, denen ein ähnliches Hilfsmittel fehlt, versagt bleibt. Zur Überbrückung nahrungsarmer Perioden legt der Einhornmaulwurf ab und an auch sogenannte Insektenzellen an – selbst gegrabene Erdzellen, in denen er bis zu 50 große Erdkäfer gefangen hält, die er dann nach und nach verzehrt. Nach bisher allerdings noch nicht bestätigten Beobachtungen soll der Maulwurf die gefangenen Käfer sogar mit Futter versorgen.

Wissenswertes Der Einhornmaulwurf wird in vielen Ländern zu den sogenannten Neozoen gerechnet, da seine weltweite Verbreitung erst im letzten Jahrhundert durch Einschleppung mittels der in der Vergangenheit so häufig verwandten Fossaerde-Container erfolgte. Das äußerst robuste und extrem anpassungsfähige Tier hat mittlerweile in vielen Gegenden den deutlich kleineren, nahe verwandten Schaufelmaulwurf *(Talpa pala)* komplett aus seinem ursprünglichen Lebensraum verdrängt.

Einhornmaulwürfe können
sich auch durch schwere Böden
bohren.

Das hervorstechende Merkmal des
Einhornmaulwurfs ist sein schrauben-
förmig gewundener Bohrzahn.

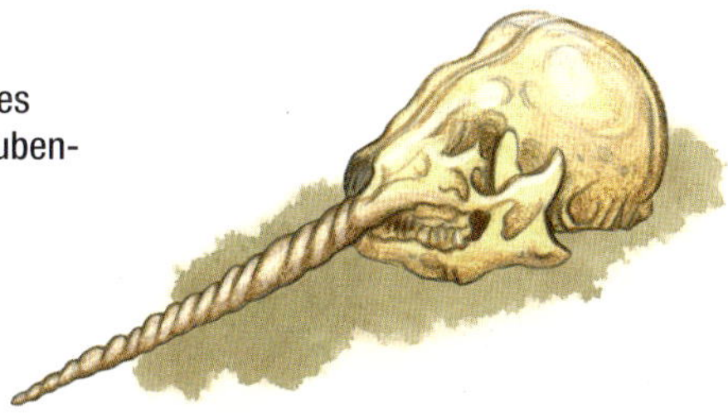

Fladenfrosch

Morana discoides

Wichtigste Merkmale Rundlicher, stark abgeplatteter Frosch von dunkel olivbrauner Färbung, der auf den ersten Blick einem Kuhfladen täuschend ähnlich sieht.

Aussehen Der Fladenfrosch ist unter den Lurchen einmalig. Erst spät hat man erkannt, dass die 20–30 cm messenden Tiere in Rückenlage leben – Bauchseite nach oben. Das erklärt einige körperliche Besonderheiten (auf den Bauch geklappter Kopf, Hochschnellen). Der Kopf hebt sich nur wenig ab; das breite, sichelförmige Maul sowie die Augen sind in Richtung Körpermitte orientiert. Die Gliedmaßen werden in Ruhe eng an den Körper angelegt und verbreitern – ohne selbst aufzufallen – den diskusförmigen Körper.

Vorkommen Weltweit auf Viehweiden, vom Flachland bis in höhere Gebirgslagen. Zur Fortpflanzung benötigt der Fladenfrosch kleine Weiher oder Tümpel. Wegen seiner hervorragenden Tarnung hat er kaum natürliche Feinde.

Nahrung Der Fladenfrosch bewegt sich meist tagelang nicht von der Stelle. In den Rinnen der unregelmäßigen Körperoberfläche, insbesondere auch in den Furchen, die sich zwischen Gliedmaßen und Körper bilden, bleibt lange Regenwasser stehen. Zudem sondert die Haut einen Duftstoff ab, der an frischen Kuhkot erinnert. So kommt es, dass die Frösche eine Vielzahl Feuchtigkeit und geeignete Eiablageplätze suchende Insekten, vor allem Fliegen und Käfer, anlocken. Kaum hat sich ein Tier niedergelassen oder den Körper bestiegen, schnellt aus dem Maul die lange klebrige Zunge hervor und fängt das Insekt. Die Zunge ist so konstruiert, dass sie die gesamte Körperoberfläche erreichen kann, wobei dem Frosch neben seinen Augen auch sensible Druckrezeptoren die nötigen Informationen über den Aufenthalt des Zielobjektes liefern.

Biologie Fladenfrösche zeichnen sich durch eine eigentümliche Fluchtreaktion aus. Kurz bevor sie von einem Feind erreicht oder »plattgetreten« werden, schnellen sie hoch und fliegen wie eine Frisbeescheibe einige Meter davon. Dazu befähigt sie ein kräftiger, 3–4 cm langer Stachel in der Mitte der Wirbelsäule (die ja zum Boden hin orientiert ist), der wie eine gespannte Feder in einen Fortsatz des übernächsten Wirbels eingehakt wird. Wird die Verbindung gelöst, richtet sich der Stachel ruckartig auf und schleudert den Frosch davon. Mit ihren Beinen können sich Fladenfrösche nur langsam und unbeholfen fortbewegen. Auch ein Sprungvermögen, wie es ihre Verwandten auszeichnet, besitzen sie nicht.
Zur Eiablage suchen sie kleinere Stillgewässer auf. Die etwa 400–500 Eier werden in einem Ballen abgelegt und im Wasser befruchtet. Die Kaulquappen ähneln denen anderer Frösche und wandeln sich erst nach der Metamorphose an Land in einen typischen Fladenfrosch. Larvalentwicklung im Wasser etwa 6–8 Wochen, je nach Temperatur. An Land dauert es weitere 4–6 Wochen, bevor der Fladenfrosch voll ausgebildet ist. Bis dahin ist er beweglicher und ernährt sich von allem möglichen Kleingetier.

Wissenswertes Bei längerer Trockenheit können sich Fladenfrösche in den Erdboden eingraben. Auf diese Weise überwintern sie auch.

Dass die Frösche einem Kuhfladen ähneln
ist eine verblüffende Tarnung.

Bei Gefahr schnellt sich der Frosch
wie eine Frisbeescheibe davon.

Fußäugelchen

Ophthalmopes occultus

Wichtigste Merkmale Ähnelt einer Maus, hat aber längere Beine; Kopf ohne Augen; die Vorderbeine sehen aus wie lange kleine Ästchen.

Aussehen Ist mit einer Länge von 8 bis 10 cm etwa so groß wie eine Hausmaus. Körper graubraun, mit markantem weißem Aalstrich und Punkten; Bauchseite hell. Auffällig sind die besonders langen Vorderbeine. Sie sind das Einzige, was man normalerweise vom Fußäugelchen sieht, das fast sein ganzes Leben verborgen in einem kugelförmigen Nest aus Halmen und Zweigen verbringt. Die Vorderbeine werden weit herausgestreckt und sehen aus wie dürre Zweige. Klettert oder läuft das Fußäugelchen am Boden, werden die langen Vorderfüße nach oben geklappt. Das Tier läuft daher eigentlich auf seinem Handgelenk, an dem auch 2 Krallen sitzen. Die langen Vorderfüße besitzen etwa in der Mitte auf einem kurzen Stielchen bewegliche Augen, eine Bildung des Daumens, wie anatomische Untersuchungen ergeben haben. Die 4 anderen Finger sind je paarweise zu einem langen, pinzettenartigen Greiforgan umgebildet. Die ganze Extremität ist von einem verzweigten Ästchen nicht zu unterscheiden, das an der Spitze abgebrochen ist.

Vorkommen In nicht zu feuchten tropischen und subtropischen Regionen; ganzjährig aktiv. Ausschließlich in gebüschreichen Landschaften, z. B. an Waldrändern, und in anderen Saumbiotopen mit reichem Insektenleben.

Nahrung Ein Fußäugelchen baut sein Nest in 0,5–4 m Höhe in sonnenbeschienene Büsche. Ähnlich wie eine Gottesanbeterin wartet es – verborgen im Nest – auf vorbeikommende Insekten (Lauerjäger). Haben die an den Füßen sitzenden Augen eine Beute erspäht, werden die Beine langsam in deren Richtung geschwenkt, ähnlich wie ein im leichten Wind sich wiegendes Zweiglein. Ist die Position günstig, schnappt die Pinzetten-Hand bei kleinerer Beute blitzschnell zu; größere Opfer werden mit beiden Beinen gepackt. Hauptbeutetiere sind Heuschrecken, Käfer, Wanzen, Schmetterlinge und Spinnen.

Biologie Die kleinen Gesellen leben allein in ihrem Nest. Zur Fortpflanzungszeit verströmt das Weibchen aus einer Drüse einen Duft, der die Männchen anlockt. Diese verlassen das Nest und machen sich etwas unbeholfen auf den Weg – die Tiere sind keine guten Läufer. Am Boden sieht man hin und wieder, wie sie die Vorderbeine hochstrecken, um mit den Augen die Umgebung zu inspizieren. Zur Paarung verlässt das Weibchen sein Nest. Nach der Begattung hinterlässt das Männchen einen harzähnlichen Pfropfen in der Vagina des Weibchens, um die Empfängnis durch einen Rivalen zu verhindern. Die Jungen werden etwa 18 Tage gesäugt, üben aber bald den Nahrungserwerb, indem sie ihre Vorderbeine durch Ritzen im Nest nach außen strecken. Nach etwa 1 Monat verlassen sie das Nest und gehen auf Wanderschaft, um sich an geeigneter Stelle ein eigenes Nest zu bauen.

Wissenswertes Dass sich Augen am Kopf zurückbilden, wenn sie keine Funktion mehr haben (wie beim Fußäugelchen im Nest), gibt es mehrfach im Tierreich (z. B. bei Höhlenbewohnern). Einmalig ist hingegen, dass sich an einer ganz anderen Stelle erneut Augen bilden.

Ein Fußäugelchen lauert verborgen in seinem Nest und streckt nur die fangbereiten Beine mit den Augen heraus.

Hetoptawanze

Chlorophyllus hetoptus

Wichtigste Merkmale Sieht aus wie ein Blatt des immergrünen Hetoptabaumes.

Aussehen Etwa 7 cm lang; flügellos; Kopf und Körper imitieren in Form und Farbe perfekt ein Blatt; auf der Oberseite sind Blattrippen zart angedeutet. Der Kopf ist in einen nach vorn gerichteten etwa 1,5 cm langen Saugrüssel ausgezogen, der wie ein Blattstiel aussieht. Mit diesem Rüssel bohren sich die Insekten mehrere Millimeter tief in kleine Zweige, sodass sie fest mit ihnen verbunden sind. Die Männchen legen beim Saugen ihre Beine unterseits mittig an den Körper, sodass diese an eine Blattrippe erinnern. Die Weibchen leben sessil und werfen ihre Beine ab. Sie veranlassen den Wirtsbaum, eine Art Wundkallus um die Einstichstelle zu bilden, sodass die Verbindung besonders fest ist.

Vorkommen In allen immergrünen Wäldern, in denen es Hetoptabäume gibt; in seltenen Fällen auch auf anderen Bäumen. Besonders individuenreiche Populationen in Rhynchverdien, Bugleaf-Country sowie in den Horopylwäldern Amazoniens. Aber auch in Translunarien immer wieder anzutreffen.

Nahrung Die grüne Farbe der Hetoptawanzen rührt von endosymbiontischen (in den Körperzellen eingelagerten) Chloroplasten her. Diese betreiben Fotosynthese, und die Wanze nutzt die entsprechenden Stoffwechselprodukte zu ihrer Ernährung. Durch das Saugen an den Wirtsbäumen wird die Wasserversorgung gesichert, was besonders für die Aufrechterhaltung der Fotosynthese wichtig ist. Es werden aber auch Nährstoffe zur Zusatzversorgung (besonders bei Schlechtwetterphasen) aufgenommen. Die mit ihrem Rüssel fest im Zweig verankerten Weibchen können jedem Sturm trotzen; die Männchen saugen nur bei windstillem Wetter, da die Verbindung des Saugrüssels mit der Pflanze nicht so stabil ist.

Biologie Zur Fortpflanzungszeit geben die Weibchen ein Pheromon ab, das die Männchen von weit her anlockt. Nach der Kopulation bewacht das Männchen sein Weibchen, um Fremdbegattung zu verhindern. Ist das Weibchen bereit zur Eiablage, klammert sich das Männchen unter ihm fest und lässt sich die Eipakete auf den Bauch kleben. Dann klettert es hinab und deponiert die Eier unter Rinde am Fuß eines Baumes. Die schlüpfenden Larven sind braun und begeben sich in die Bodenstreu, um Jagd auf allerlei Kleingetier zu machen. Bei ihren Streifzügen wandern sie weit umher. Erst mit der letzten Häutung erhalten sie ihre grüne Farbe und erklettern die Baumwipfel. Ihre Art der Tarnung bezeichnet man als Blattmimese.

Wissenswertes Lange Zeit haben Wissenschaftler gerätselt, wie die erwachsenen Hetoptawanzen zu ihren Chloroplasten kommen. Heute weiß man, dass bereits in den Eiern einige dieser Organellen enthalten sind. Sie werden in jeweils wenigen Exemplaren an die Körperzellen weitergegeben und ruhen dort während der Bodenlebensphase der Larven. Mit der letzten Häutung startet ein großes Umbauprogramm: Die wenigen Chloroplasten werden programmiert, sich auf Kosten anderer Organellen zu vermehren. Die Hetoptawanzen werden grün, und ihre völlig andere »Blatt-Lebensweise« beginnt.

Die Männchen (ganz oben) sind frei beweglich, die Weibchen (unten rechts) werfen ihre Beine ab und verwachsen fest mit dem Zweig.

Kanonierfisch

Avolator ballisticus

Wichtigste Merkmale Goldfisch-ähnlicher Flugfisch mit gewaltigen, zu Flügeln umgewandelten Brustflossen. Die Afterflossen sind zu Greifklauen umgebildet, mit denen sich der Kanonierfisch an Ästen festhalten kann. Namensgebend ist der langgezogene, an ein Kanonenrohr erinnernde Mund.

Aussehen Etwa 25 cm großer, silbergrauer Fisch mit überdimensionalen 20 cm langen Brustflossen, die an der Oberseite silber- bis blaugrau und an der Unterseite karmesinrot gefärbt sind. Der Kopf der Fische ist leuchtend blau gefärbt. Der Mund ist zweigeteilt und im oberen Teil zu einem kanonenrohrartigen Tubus ausgezogen. Kanonierfische sind keine Kiemenatmer mehr, sondern verfügen über eine einfach gebaute Lunge, die sich im Laufe der Evolution aus paarigen Aussackungen des Vorderdarms entwickelt hat. Die Kiemen sind bei den erwachsenen Tieren weitestgehend reduziert.

Vorkommen Das Vorkommen der Kanonierfische, die dank ihrer zu Flügeln umgewandelten Brustflossen ausgezeichnete Flieger sind, ist weitestgehend auf die Mangrovenwälder Artilleriens und Translunariens beschränkt. In Ballististan dagegen, wo die baumbewohnenden Fische früher häufig waren, existiert heute nur noch ein Restvorkommen. Die dämmerungsaktiven Fische sind tagsüber meist kopfunter an Ästen hängend in den Wipfeln von Salzbäumen zu beobachten.

Nahrung In der Abenddämmerung begeben sich die Kanonierfische auf ihre etwa 2 Stunden andauernden Nahrungsflüge. Dabei umkreisen sie ständig einzeln stehende Bäume auf der Suche nach Insekten wie z. B. Käfern, Schmetterlingen oder Heuschrecken. Haben sie ein Beutetier erspäht, feuern sie durch Kontraktion ihrer Lungensäcke per Luftdruck eine zähe, in den Speicheldrüsen gebildete Schleimkugel durch den kanonenrohrartigen Obermund auf ihr Opfer ab. Mit dieser Technik sind die Fische in der Lage, ihre Beute mit großer Zielgenauigkeit auf Entfernungen von 3 m und mehr regelrecht von den Ästen zu schießen. Die betäubten Insekten werden dann von den Flugfischen vom Boden aufgelesen und verzehrt.

Biologie Im Frühjahr fliegen die Kanonierfischmännchen in den Abendstunden zu ihren Balzplätzen in den Kronen besonders hoher Bäume, wo sie mit weit ausgebreiteten Brustflossen versuchen, mit ihren Balzgesängen die eher scheuen Weibchen anzulocken. Die tiefen Töne der Paarungsrufe werden dabei mit Hilfe außerordentlich schneller Muskeln erzeugt, deren Kontraktionen die Schwimmblase vibrieren lassen. Für die höheren Töne sind dagegen die zu Pfeiforganen umgewandelten Kiemendeckel verantwortlich. Die Lieder der Kanonierfischmännchen sind äußerst komplex und regelrecht in Verse oder Themen unterteilt.

Wissenswertes Kanonierfische gelten unter Feinschmeckern als Delikatesse und werden aufgrund ihres wohlschmeckenden Fleisches auf dem Weltmarkt zu Höchstpreisen gehandelt.

Kanonierfische jagen in den Kronen
der Bäume.

Kartoffeltierchen

Pommes surprise

Wichtigste Merkmale Sieht aus wie eine größere Kartoffel mit kurzen Beinen.

Aussehen Entfernter Verwandter des Meerschweinchens. Ausgewachsen 10 bis 12 cm lang. Das sehr kurze Fell ist kartoffelfarben braungelb, im hinteren Bereich meist auffällig grün. Kopf kaum vom Körper abgesetzt; Schnauzenpartie knollenförmig abgerundet; Maul auf der Unterseite verborgen. Ohren nur als kleine Vertiefung angedeutet, ähnlich wie das »Auge« einer Kartoffel. Beine 2-gliedrig, plump, aber nicht groß, mit jeweils 3 kräftigen Klauen. Schwanz etwa 3 cm lang, starr, auffällig rötlich, flach dem Rücken angelegt, erinnert an den Keim einer Kartoffel, aber an der Spitze mit kräftigem Stachel.

Vorkommen Stets in der Nähe von Kartoffelpflanzen; deshalb das gleiche Verbreitungsmuster wie diese, also in Maytekeninka, Solanien und Potatien. Stellenweise mit der Kartoffel in deren Anbaugebiete verschleppt. Kann sich dort aber wegen der intensiven Bewirtschaftung der Felder und direkter Bekämpfungsmaßnahmen nicht halten. Meidet die Regionen von Pomfritzien und Krokettien.

Nahrung Kartoffeltierchen liegen meist regungslos am Boden, oft ein wenig eingegraben, und lauern auf Beute. Diese wird mit den Vorderfüßen gepackt und mit den spitzen Zähnen zerkleinert. Hauptnahrung sind Schnecken, größere Insekten und andere Gliedertiere, gelegentlich werden auch kleine Säugetiere, z. B. Mäuse, erbeutet. Offensichtlich nähern sich manche Tiere der vermeintlichen Kartoffelknolle, um davon zu fressen, was ihnen dann zum Verhängnis wird. Teilweise graben sich Kartoffeltierchen auch ins Erdreich ein und jagen Regenwürmer und Insektenlarven.

Biologie Die kuriosen Tierchen sind durch ihr Äußeres bestens getarnt und werden nur selten von Feinden aufgespürt. Dann steht ihnen allerdings eine wirksame Waffe zur Verfügung. Der auffällige Schwanz kann wie ein Klappmesser ruckartig aufgerichtet werden, sodass sich der kräftige Stachel in den Angreifer bohrt. Dabei wird ein starkes Gift injiziert, das dem von Kobras ähnlich ist. Die Paarung findet im Herbst statt. Zur Stimulation umrunden sich die Geschlechtspartner vielfach, ein auffälliges Verhalten, das als Kartoffeltanz Eingang in die Fachliteratur gefunden hat. Nach einer winterlichen Keimruhe werden im Frühjahr in einer unterirdischen Wurfkammer die 6–10 Jungen geboren. Diese werden etwa 20 Tage gesäugt und anschließend weitere 15–20 Tage mit Futter versorgt, bevor sie selbstständig sind. Die Jungen sind bei der Geburt völlig grün und erlangen die kartoffelbraune Färbung erst im Verlauf der Entwicklung. Meist ein 2. Wurf im Sommer.

Wissenswertes Wenn Menschen mit zu leichtem Schuhwerk oder gar barfuß Kartoffelfelder betreten, kann es zu Unglücksfällen kommen, weil Kartoffeltierchen ihren Stachel in den Fuß des Opfers bohren. Wird nicht schnell ein Gegengift gespritzt, kann dies zum Tode führen. Deshalb werden Kartoffeltierchen intensiv bekämpft. Früher verwendete man hierfür Biozide. Dabei konnte es allerdings zu Rückständen in den Speisekartoffeln kommen. Heute stehen wirksame, selektiv auf Kartoffeltierchen wirkende Krankheitskeime aus der Verwandtschaft des Myxomatose-Erregers zur Verfügung.

Woher das Kartoffeltierchen seinen Namen hat, ist leicht zu erkennen.

Meist lauert es, zur Hälfte im Boden eingegraben, auf Beute.

Moskitomaus

Sorex vampyrensis

Wichtigste Merkmale Winzige Spitzmaus. Kennzeichnend sind die kanülenartig ausgezogene Schnauze sowie die verhältnismäßig großen Fußklauen.

Aussehen Mit einer Kopfrumpflänge von 2,5–3 cm und einem Gewicht von 0,8 bis 1,0 g ist die Moskitomaus nicht nur das kleinste, sondern auch das leichteste Säugetier der Erde. Moskitomäuse haben einen meist dunkelbräunlichen Rücken und eine weißgraue Bauchseite. Ein Schwanz ist im Gegensatz zu anderen Spitzmäusen nicht ausgebildet. Die Zähne sind bis auf die sägeartig ausgebildeten Schneidezähne reduziert. 2 der Sinneshaare im Schnauzenbereich sind zu kräftigen Widerhakenborsten umgewandelt.

Vorkommen Moskitomäuse sind ausschließlich im südlichen Teil des Westernkontinents zu finden, wo die Tiere auf den dort weit verbreiteten Bonanzabüffeln parasitieren.

Nahrung Moskitomäuse ernähren sich parasitisch vom Blut ihrer Wirtstiere. Bevorzugte Bissstellen sind dabei die Halsregion und die Innenseite der Extremitäten sowie die feine Haut hinter den Ohren. Hat die Moskitomaus eine geeignete Bissstelle gefunden, krallt sie sich zunächst mit ihren kräftigen Fussklauen in der Haut ihres Opfers fest, um von diesem beim Saugvorgang nicht abgeschüttelt zu werden. Bei der Blutmahlzeit schneiden die Moskitomäuse zunächst mit Hilfe ihrer rasiermesserscharfen Schneidezähne ein winziges Loch in die Haut, das sie dann mit der Zunge vorsichtig erweitern. Anschließend stecken sie ihre kanülenartig ausgebildete Schnauze in die so entstandene Wunde und beginnen mit dem Saugvorgang. Dabei sorgt ein im Speichel enthaltener Gerinnungshemmer dafür, dass das austretende Blut beim Trinken nicht gerinnt und somit für die Maus unbrauchbar wird. Der Trinkvorgang selbst dauert in der Regel nicht länger als 10–12 Minuten. Durch die Blutmahlzeit können die Moskitomäuse ihr Gewicht vorübergehend nahezu verdoppeln.

Moskitomäuse sind extrem stark auf den Bonanzabüffel als Wirtstier spezialisiert und sterben bereits nach 24 Stunden, wenn sie vom Körper der riesigen Huftiere entfernt werden. Ein Wirtswechsel findet nur bei engem Kontakt mit einem anderen Büffel oder beim Tod des ursprünglichen Wirtes statt.

Biologie Moskitomäuse pflanzen sich ausschließlich eingeschlechtlich durch sogenannte Jungfernzeugung fort. Bei dieser Art der Fortpflanzung wird einer unbefruchteten Eizelle mit Hilfe von Hormonen eine Befruchtung vorgegaukelt, sodass sie sich teilen und zu einem vollentwickelten Organismus entwickeln kann. Die durch Jungfernzeugung entstandenen Nachkommen sind nicht nur alle weiblich, sondern auch mit ihrer Mutter genetisch völlig identisch.

Bei den Jungtieren handelt es sich um sogenannte extreme Nestflüchter, die bei der Geburt voll ausgereift sind und ihrerseits bereits nach wenigen Minuten am Wirtstier parasitieren.

Wissenswertes Aufgrund ihrer Lebensweise übertragen Moskitomäuse diverse Krankheitserreger, darunter das gefürchtete Büffelfiebervirus, zwischen den Wirtstieren, ohne jedoch selbst zu erkranken.

Moskitomäuse saugen das Blut
ihrer Wirtstiere.

Solarsegler

Heliophilus viridoptera

Wichtigste Merkmale Sieht aus wie ein großer Mauersegler, aber Kopf größer und mit deutlichem Hals. Oberseite grasgrün, unterseits braun.

Aussehen Ähnlich wie der Mauersegler ist der Solarsegler ein hervorragender Flieger. Seine Körperoberseite, inklusive der Flügel, trägt allerdings keine Federn, sondern ist dicht mit etwa 5 mm großen, grünen Hautschuppen bedeckt. Auf der Unterseite von Körper und Flügeln wachsen kleine, braune Federn. Schwanz gegabelt, aus Federn gebildet, braun. Auffällig sind zwei lange, schmale Schmuckfedern, die den Körper überragen. Der Schnabel ist breitdreieckig und kann zum Insektenfang weit aufgeklappt werden.

Vorkommen Solarsegler sind sonnenhungrig und folgen dem jahreszeitlichen Lauf der Sonne über alle Kontinente. Ihre Brutgebiete liegen in Regionen mit natürlichen Felswänden, aber auch mitten in den Häuserschluchten von Städten, vor allem in Heliodos und E-onien (Nordhalbkugel) bzw. Voltarien und Solanden (Südhalbkugel). Die Vögel nutzen dort jeweils die langen Tage mit Sonnenschein für das Brutgeschäft: Männchen und Weibchen lösen sich auf dem Nest ab, sodass einer der Partner jeweils in der Sonne segeln kann.

Nahrung Bei schönem Wetter reicht den Solarseglern die Energie, die sie durch Fotosynthese in den Hautschuppen der Köroberfläche gewinnen können. Um den Stoffwechsel in Gang zu halten müssen sie dann lediglich Wasser aufnehmen, was durch Eintauchen des Schnabels im dichten Flug über der Gewässeroberfläche geschieht. Zusätzlich werden aber im Flug Insekten erbeutet, vor allem, um ein Speckpolster anzufressen für Tage mit dichten Wolken. Dennoch verlassen die Solarsegler meist bei Schlechtwetterperioden die entsprechenden Gebiete und folgen den Schönwetter-Hochdruckgebieten.

Biologie Die Vögel verbringen ihr gesamtes Leben – mit Ausnahme des Brutgeschäfts – im Flug. Nachts steigen Sie in größere Höhen und schlafen, wobei sie in Abständen immer wieder mit den Flügeln schlagen müssen, um nicht an Höhe zu verlieren. Auch die Kopulation findet im Flug statt. Bestandteil des vorausgehenden Balzspiels ist das vielfache Umkreisen des Weibchens in waghalsigen Loopings. Dabei wendet das Männchen abwechselnd den Rücken oder den Bauch Richtung Weibchen, sodass dieses durch einen Wechsel von Grün (Oberseite) und Braun (Unterseite) stimuliert wird.
Jeweils eine Brut auf der Nord- und Südhalbkugel. Nest in vor Regen geschützten Felsnischen oder Mauerlöchern von Gebäuden. Brutzeit 18–20 Tage, Nestlingszeit etwa 40 Tage. Müssen die Eltern wegen schlechten Wetters das Brutgebiet vorübergehend verlassen, können die Jungen bis zu 1 Woche ohne Nahrung ausharren. Sie fallen dann in eine Art Hungerschlaf.

Wissenswertes Die Zellen in den Hautschuppen der Solarsegler sind vollgepackt mit Chloroplasten, ähnlich den Blättern einer Pflanze. Man nimmt an, dass die Vögel diese Organellen einst durch Endosymbiose (hier Einbau fremder Organismen in eigene Zellen) aufgenommen haben. Es gibt Berichte von Flugzeugkapitänen, die Solarsegler in 5000 m Höhe über der Wolkendecke von Schlechtwettergebieten in der Sonne haben segeln sehen.

Solarsegler können im Flug die
Sonnenenergie nutzen.

Bei der Balz fliegen sie Loopings und
drehen sich dabei um ihre Achse.

Stadtkrake

Octopus urbanus

Wichtigste Merkmale Unverwechselbar, da weltweit der einzige auf dem Land lebende Tintenfisch.

Aussehen Der etwa unterarmgroße, 8-armige Krake ist normalerweise bräunlich gefärbt, kann jedoch seine Färbung stets perfekt an seine unmittelbare Umgebung anpassen. Auffällig sind die leuchtend gelben Linsenaugen.

Vorkommen Der Stadtkrake stammt ursprünglich aus Ostnautilonien, ist aber heute als Kulturfolger des Menschen über die ganze Welt verbreitet. Besonders häufig sind Stadtkraken in Städten mittlerer Größe. Die Tintenfische sind aber auch in Großstädten zu finden.

Nahrung Stadtkraken ernähren sich ausschließlich räuberisch. Hauptbeute sind dabei kleine bis mittelgroße Vögel, wobei aber ab und an auch größere Insekten nicht verschmäht werden. Die nachtaktiven Landtintenfische sind sogenannte Anschleichjäger, die sich erst mit Beginn der Dämmerung auf die Jagd begeben. Durch ihre variable Färbung gut getarnt, schleichen sie sich nahezu lautlos an ihre Beute an, ergreifen diese blitzschnell mit ihren Fangarmen und führen sie an ihre Mundöffnung, die mit einem rasiermesserscharfen Hornschnabel bewehrt ist. Beim Biss mit dem Schnabel verabreicht der Stadtkrake seinen Opfern das starke Nervengift Tetradoxin, das innerhalb weniger Minuten durch eine Lähmung der Atemmuskulatur zum Tode führt. Anschließend injiziert der Krake Verdauungsenzyme und schlürft wenig später die durch diesen Prozess vorverdaute Nahrung auf.

Biologie Der Stadtkrake hat aufgrund der Reduzierung seiner Kiemen und der Ausbildung von einfachen Lungen als bisher einziger Tintenfisch den Übergang vom Wasser- zum Landleben vollzogen. Allerdings sind die Weichtiere immer noch an das Vorhandensein von Wasser gebunden und daher tagsüber bevorzugt in den unterirdischen Abwässerkanälen der Städte anzutreffen, wo sie ideale Lebensbedingungen vorfinden.
Dank spezieller Farbzellen in der Haut kann sich der Stadtkrake in Sekundenbruchteilen an die Farbe, Helligkeit und Textur seiner Umgebung anpassen und ist dadurch stets perfekt getarnt. So kann man bei genauerem Hinsehen sogar oft Kraken mit »Backstein«- oder »Gartenzaun«-Muster beobachten. Dank seiner mit Saugnäpfen bewehrten Arme ist das Tier in der Lage, auf der Suche nach Beute selbst die höchsten Gebäude zu erklimmen.

Wissenswertes Im Kampf gegen die zahlreichen wilden Tauben, deren ätzender Kot jährlich Schäden in Millionenhöhe an Gebäuden und Fassaden verursacht, setzen viele Städte und Gemeinden in der letzten Zeit vermehrt auf eine biologische Bekämpfung durch den Stadtkraken. So wurden z. B. an vielen Kirchen und Münstern sogenannte Oktopuskästen angebracht, um die Landkraken dort dauerhaft anzusiedeln. Erste Erfolge stellten sich rasch ein. Zahlreiche Gotteshäuser, aber auch einige andere denkmalgeschützte Gebäude waren nach der Ansiedlung von Stadtkraken bereits nach wenigen Monaten taubenfrei.

Stadtkraken können sich perfekt ihrer Umgebung anpassen.

Steinlaus

Petrophaga loriotii

Wichtigste Merkmale Gedrungener, segmentierter Körper mit 3 Paar Beinen; Kopf mit Knollennase, mittellangen Antennen sowie 6 kräftigen Nagezähnen im Oberkiefer.

Aussehen Die Steinlaus ist trotz ihrer großen Bekanntheit ein geheimnisvolles Geschöpf. Seit ihrer Entdeckung im Jahre 1976 wurde viel über sie geschrieben, und sie fand Eingang in renommierte Nachschlagewerke. Dennoch sind sich die verschiedenen Autoren noch nicht einmal hinsichtlich der Größe einig. Die Angaben schwanken von mikroskopisch klein über 0,3–3 mm bis hin zu 20–24 mm. Auch wenn der Erstbeschreiber, Vicco von Bülow, die Steinlaus als kleinstes Nagetier unserer Heimat bezeichnet, steht wohl außer Frage, dass es sich hier um ein Insekt handelt. Das zeigen der in Tergite und Sternite gegliederte Körper ebenso wie die 3 Beinpaare und die gegliederten Antennen. Als recht ursprüngliches Merkmal muss gewertet werden, dass die Beinpaare auch am Hinterleib sitzen. Die zu kräftigen Nagezähnen umgebildeten Oberkiefer (Mandibeln) stellen eine einmalige Anpassung an die Ernährungsweise dar.

Vorkommen Früher in unseren Städten weit verbreitet und häufig. Mitte der 1970er-Jahre waren die Populationen durch Bekämpfungsmaßnahmen der Menschen bis auf Reliktvorkommen in mehr als 20 m Tiefe zusammengebrochen. Damals fanden die possierlichen kleinen Kerlchen Refugien in einigen Zoologischen Gärten. Inzwischen konnten sich die Bestände offensichtlich vielerorts wieder erholen (siehe auch »Wissenswertes«).

Nahrung Bereits der Entdecker, Vicco von Bülow, fasste die Ernährungsgewohnheiten treffend zusammen: »Verzehrt mit großem Appetit allerlei Baumaterial, wobei sie auch gelegentlich einen Eisenträger nicht verschmäht. Eine geschlechtsreife Steinlaus benötigt 28 kg Beton und Ziegelsteine zur täglichen Sättigung. Durch ihren schädlichen Fraß kamen allerlei öffentliche Gebäude, hier und da auch einmal ein Gotteshaus, zum Einsturz.«

Biologie Steinläuse leben versteckt und heimlich. Tagsüber verbergen sie sich in Spalten und Fugen, nachts setzt ihre Fressaktivität ein. Deshalb werden sie vielfach übersehen und können meist nur anhand ihrer Fraßspuren nachgewiesen werden. Zur Fortpflanzungszeit umwerben die Männchen die Weibchen, wobei ein ausgeprägter Zickzack-Paarungstanz beobachtet wurde. Nach der Begattung legen die Weibchen etwa 50–150 Eier in die Ritzen besonders silikatreicher Gesteinsbrocken. Wie bei allen kleinen Lebewesen mit hoher Stoffwechselrate (vgl. die tägliche Nahrungsmenge) ist die Lebenserwartung gering und liegt bei maximal 2–3 Jahren.

Wissenswertes Der Fall der Berliner Mauer wird von einigen Autoren in Zusammenhang mit Steinläusen gebracht, die sich in diesem für sie günstigen Milieu angesiedelt hätten. Ja, manche Experten sehen sogar das Wirken der Steinlaus im Zusammenhang mit dem Ende der Steinzeit. Eine Unterart, die **Seiffert'sche Steinlaus**, hat ihre Ernährung auf Bücher umgestellt. Im Jahre 2002 ergab eine Zählung in deutschen Bibliotheken eine Population von 113,3 Milliarden Tieren. Weitere Unterarten leben als Endosymbionten im menschlichen Körper: **Nieren-** und **Gallen-Steinlaus.**

Die beste Chance, eine Steinlaus zu beobachten, hat man, wenn man sich leise von hinten anpirscht.

Wasserläufermaus

Aquamus gigantopes

Wichtigste Merkmale Kleines Nagetier von der Größe einer Maus mit auffällig vergrößerten Füßen. Fähigkeit, auf dem Wasser zu laufen (gleiten).

Aussehen Samtig glänzendes Fell, braun und grün gestreift. Runde Ohren sowie lange, kräftige Tasthaare, die helfen, den Schilfstängeln auszuweichen. Auf dem Wasser werden die ohnehin großen Füße scheibenartig aufgespreizt. Diese Fußteller sind unterseits dicht mit wasserabstoßenden Haaren besetzt und verfügen dort über je 3 kufenförmige Rippen, die von den 3 mittleren Zehen gebildet werden und ein besonders effektives Gleiten ermöglichen.

Vorkommen Wasserläufermäuse kommen überall auf der Welt an stehenden Gewässern mit Pappeln am Ufer und mit gut ausgebildeter Röhrichtzone vor. Sie leben versteckt an Land, gehen aber auch gern auf das Wasser, wo sie stets in der Nähe des Schilfgürtels bleiben oder sich auch in diesem verbergen (dabei hilfreich: die Schilfstängel imitierende Körperstreifung). Besonders häufig an den Gewässern Translunariens.

Nahrung Rein vegetarisch. Meist abgestorbene Pflanzenteile, die im Wasser liegen. Können aber auch – ähnlich wie ein Biber – im Wasser stehende Schilfstängel annagen und »fällen«. Bei hoher Populationsdichte dadurch Schäden in der Röhrichtzone der Gewässer möglich, die bis zum völligen »Kahlschlag« gehen können.

Biologie Wasserläufermäuse sind bekannt dafür, dass sie bei Gefahr auf das Wasser flüchten, dessen Nähe sie nie verlassen. Das macht sie für Landraubtiere unerreichbar. Sie haben sich so gut an das Leben auf der Wasseroberfläche angepasst, dass sie einen Großteil ihrer Zeit dort verbringen. Lediglich zum Schlafen und zur Jungenaufzucht kommen sie für längere Zeit an Land.
Wohl wegen ihres Aufenthalts in feuchten Lebensräumen haben Wasserläufermäuse nicht die Angewohnheit ihrer Verwandten, im Boden Gänge und Baue anzulegen. Vielmehr bauen sie ihre Nester zum Schlafen und für die Jungenaufzucht in der Laubstreu oder sonstigem Pflanzenmaterial, geschützt unter Baumstümpfen, Wurzeln oder Steinen. Die Nestmulde für die Jungen wird mit den wattig-weichen Pappelsamen ausgepolstert, die zur Wurfzeit im Mai reichlich von den Bäumen produziert werden. Deshalb deckt sich die Verbreitung von Maus und Pappel, zumal beide den gleichen feuchten Lebensraum bevorzugen. Die 5–9 Jungen werden etwa 18 Tage gesäugt und sind mit 1 Monat selbstständig. Lebenserwartung 3–4 Jahre.

Wissenswertes Die Wasserläufermaus besitzt besonders strukturierte Beingelenke. Diese ermöglichen ihr, neben der normalen Gangart an Land, die Oberschenkel auf der Wasseroberfläche seitlich abzuspreizen, sodass sie wie bei einem Auslegerboot auf den Füßen gleiten kann. Man nimmt an, dass die Fähigkeit, über das Wasser zu gehen, ursprünglich eine reine Fluchtreaktion war, ähnlich wie heute noch beim Helmbasilisken. Tiere, die nicht nur während der schnellen Flucht, sondern länger auf der Wasseroberfläche verweilen konnten, hatten einen Selektionsvorteil. So entwickelte sich im Verlauf der Jahrmillionen die perfekte Anpassung an das Leben auf dem Wasser.

Die Mäuse gleiten wie ein kleines Auslegerboot mit ihren vergrößerten Füßen über das Wasser.

Beinlauscher

Auriculapedes quadrophonium

Wichtigste Merkmale Durch jeweils 1 Ohr an jedem Bein unter allen Säugetieren unverkennbar.

Aussehen Beinlauscher sind merkwürdige Gesellen. Mit einer Körperlänge von 40–60 cm sind sie nicht ganz so groß wie ein Feldhase; ihr Kopf erinnert aber etwas mehr an einen kleinen Affen ohne Ohren. Das eher kurze Fell ist überwiegend graubraun, an der Bauchseite etwas heller, trägt aber markante dunkle Flecken. Vorder- und Hinterbeine sind so konstruiert, dass jeweils die untere Hälfte unter den Körper geklappt werden kann. Auffällig sind auch die kräftigen Krallen, insbesondere an den Vorderfüßen, die hervorragend zum Graben geeignet sind.

Vorkommen Charakterart lockerer Wälder mit wenig Unterwuchs und offener Landschaften. Besonders individuenreiche Populationen in den sogenannten Tripel-A-Ländern: Akustien, Audiolanden und Auricularien. Aber auch in Translunarien wird die Art häufig gesichtet.

Nahrung Beinlauscher ernähren sich von allerlei Kleingetier, das sie im Boden finden, vor allem Würmer, Insekten und deren Larven, aber auch Jungtiere in den Nestern von Mäusen und anderen bodenlebenden Arten. Die Strategie zum Aufspüren der Beute ist so effizient wie einmalig. Beinlauscher knicken mit allen 4 Beinen ab und drücken dabei die Ohren, die knapp unter dem Gelenk sitzen, fest auf den Boden. In dieser Kniestellung können sie auch langsam gehen und so ihre Position verändern. Die Ohren registrieren mit ihren Sensillen jedes noch so leise Geräusch und jede kleinste Erschütterung, die die Beutetiere im Boden verursachen. Durch den Einsatz von 4 Ohren ergibt sich ein sehr genaues dreidimensionales Bild. Befinden sich die Beinlauscher direkt über der Beute, graben sie diese mit ihren kräftigen Grabbeinen blitzschnell aus.

Biologie Die putzigen Tiere haben keinerlei Abwehrmöglichkeiten und entsprechend viele Feinde. Hierzu zählen neben Fuchs, Wolf und anderen Raubtieren auch Lassofant und Steppenspringschwanz. Ihr besonders gutes Gehör ermöglicht es Beinlauschern aber, ihre Feinde frühzeitig zu entdecken und zu fliehen. Da die Ohren an den Vorderfüßen nach vorn gerichtet sind, die an den Hinterfüßen nach hinten, kann ein Tier in alle Richtungen sichern. Beinlauscher suchen ihre Nahrung immer in kleinen Gruppen, sodass stets mindestens ein Tier als Wachposten aufmerksam ist. Zur Paarungszeit kopulieren die Weibchen mit mehreren Männchen und umgekehrt (Polygamie). Nach einer Tragzeit von 5 Wochen werden in einer selbst gescharrten Erdmulde 2–8 Junge geworfen. Bereits nach etwa 24 Stunden verlassen die Neugeborenen das Wurflager und folgen der Mutter (Nestflüchter). Säugezeit etwa 3 Wochen, danach noch weitere 1–2 Wochen mit der Mutter zusammen. Mehrere Würfe pro Jahr. Bereits vor der Geburt der Jungen kann eine erneute Paarung stattfinden (Superfötation), was einen besonders kurzen Abstand zwischen den Würfen ermöglicht.

Wissenswertes Beinlauscher sind nicht die einzigen Tiere mit Ohren an den Beinen. Auch bei einigen Insekten, z. B. den Heuschrecken, sitzen die Gehörorgane an den Gliedmaßen.

Beim normalen Gehen kann mit den Ohren in alle Richtungen gehört werden.

Werden die Ohren an den Boden gepresst, liefern sie ein räumliches Hörbild von allen Geräuschen im Erdboden.

Kolossvampir

Desmodus giganteus

Wichtigste Merkmale Seine gewaltige Körpergröße und die riesigen Flügel machen dieses zu den Fledertieren gehörende Säugetier unverwechselbar.

Aussehen Mit einer Körperlänge von 120 cm, einem Gewicht von bis zu 25 kg und einer Flügelspannweite von bis zu 4,5 m sind Kolossvampire die größten und schwersten flugfähigen Lebewesen im Tierreich überhaupt. Fell oberseits rötlichbraun, Unterseite heller, oft gräulich getönt. Hinterbeine im Gegensatz zu anderen Fledermausarten auffallend kräftig entwickelt. Die Zähne sind zum Aufschneiden der Haut ihrer Opfer geeignet.

Vorkommen Die Verbreitung ist auf den nördlichen Teil Draculistans beschränkt. Dort findet man die Tiere vor allem in lichten Wäldern mit altem Baumbestand.

Nahrung Kolossvampire ernähren sich ausschließlich vom Blut anderer Säugetiere. Die riesigen Fledermäuse jagen bevorzugt an Flussufern und Lichtungen von Laubwäldern, wo sie Hasen, Kaninchen, Füchse und andere Kleinsäuger erbeuten. Das Opfer wird mit den außergewöhnlich stark entwickelten Klauen der Hinterextremitäten meist auf dem Boden gegriffen, jedoch zunächst nicht getötet, sondern im Flug meist in die Krone eines einzeln stehenden Baumes gebracht. Dort schneidet der Kolossvampir mit Hilfe seiner äußerst scharfen Zähne eine etwa 10 cm lange schlitzförmige Wunde in die Haut des Tiers. Sobald Blut austritt, leckt es die riesige Fledermaus mit der Zunge aus der Wunde. Das gerinnungshemmende Enzym Vampyrin im Speichel sorgt dafür, dass das austretende Blut beim Trinkvorgang nicht gerinnt. Nach der etwa eine halbe Stunde dauernden Blutmahlzeit, bei der das Beutetier regelrecht leergesaugt wird, kehren die Kolossvampire in ihre Quartiere zurück, um dort kopfüber hängend ihre Mahlzeit zu verdauen.
Während das Erbeuten von Haustieren, wie Kaninchen, Hunden und Katzen durch Kolossvampire unstrittig ist, entbehren Berichte über entführte und getötete Kleinkinder, die regelmäßig in der Regenbogenpresse auftauchen, jeglicher Grundlage.

Biologie Kolossvampire sind ausschließlich nachtaktiv, als Schlafplätze nutzen sie bevorzugt Höhlen, sind jedoch auch in verlassenen Minen und Schächten anzutreffen. Die Tiere weisen, wie andere Vampirfledermausarten auch, ein hoch entwickeltes Sozialverhalten auf, zu dem es auch gehört, dass die Blutmahlzeit oft mit weniger erfolgreichen Artgenossen geteilt wird.

Wissenswertes Der Kolossvampir gehört zu den am stärksten vom Aussterben bedrohten Säugetierarten weltweit. Nach Schätzungen von Experten leben in den Wäldern Draculistans lediglich noch 4500 bis 5500 Tiere von ehemals mehreren hunderttausend dieser prächtigen Riesenfledermäuse. Die größte Gefährdung der Tiere geht dabei vom Menschen aus, denn in Draculistan und seinen Nachbarstaaten gelten die Zähne der gigantischen Fledermäuse als wirksames Aphrodisiakum und werden auf dem Schwarzmarkt für 5000 US-Dollar und mehr pro Stück gehandelt. So fallen trotz strengster Schutzbestimmungen immer wieder Kolossvampire Wilderern zum Opfer.

Kolossvampire sind die größten
und schwersten flugfähigen
Lebewesen überhaupt.

Leuchtkamm

Gallolupus luminarius

Wichtigste Merkmale Raubtier, das an einen Wolf erinnert, mit einem auffälligen roten Kamm auf dem Kopf

Aussehen Mit einer Körperlänge von gut 1 m etwas kleiner als ein Wolf. Überwiegend graubraun gefärbt, mit markanten dunkleren Abzeichen. Charakteristisch ist eine an einen Hahnenkamm erinnernde, auffällig rot gezeichnete Hautwulst mittig auf dem Kopf, die nachts ein auffällig rotes Licht ausstrahlt. In der Verlängerung dieses Kamms läuft eine dunkle Mähne bis fast zur Mitte des Rückens. Die Vorderfüße tragen je 1 etwa 10–15 cm lange, stilettartige, leicht gebogene Kralle.

Vorkommen Fast überall in Gegenden mit Büschen und/oder Bäumen. Meidet sowohl gehölzfreie Lebensräume als auch sehr dichte Wälder. Hauptvorkommen im Osramischen Reich, in Luxlanden sowie Lichtstrahlien. Fehlt vollständig in Finsterwalde und der Stocknachtregion.

Nahrung Leuchtkämme sind nachtaktive Raubtiere. Teil ihrer Jagdstrategie ist das Erhellen der Umgebung durch das Licht des Kamms. Dies erlaubt das bessere Erkennen der Beutetiere und irritiert diese gleichzeitig, sodass sie vor Verblüffung mehrere Sekunden erstarren. Diese Schrecksekunden genügen meist zum Zupacken. Erbeutet werden vor allem kleinere Säugetiere wie Ratten, Marder und Kaninchen. Besonders effektiv ist allerdings die Jagd auf Fledermäuse. Durch das Licht werden Insekten angelockt, insbesondere Nachtschmetterlinge. Diese umschwirren die Lichtquelle (den Kopf) und werden dabei von Fledermäusen gejagt. Der Leuchtkamm braucht nur mit seiner Vorderpranke in die Luft zu schlagen, um mit der langen, spitzen Kralle eine Fledermaus aufzuspießen.

Biologie Außerhalb der Fortpflanzungszeit Einzelgänger. Läufige Fähen (Weibchen) senden nachts Blinksignale mit ihrem Kamm und machen so die Rüden auf sich aufmerksam. Bewerben sich mehrere um eine Fähe, imponieren sie durch Knurren, Hochrecken des Kopfes und Aufstellen der Rückenmähne. Zudem vollführen sie merkwürdig steife Hochsprünge, was gespenstische Lichteffekte und Schattenspiele auf den Gehölzen der Umgebung hervorruft. Die Fähe paart sich mit dem Rüden mit der imposantesten Darbietung. Nach einer Tragzeit von 9 Wochen werden 3–6 Welpen geboren, die etwa 7 Wochen gesäugt werden. Lebenserwartung 10–12 Jahre.

Wissenswertes Das Leuchten des roten Kamms wird durch den Stoff Luciferin erzeugt. Dieser wird tagsüber produziert und im Gewebe eingelagert. Nachts findet dann ein enzymatischer Abbau statt, der von einem intensiven Leuchten begleitet wird. Vor der Entdeckung der Elektrizität gab es vielfache Versuche, Leuchtkämme in Wohnungen oder Gehöften zu halten, um auf diese Weise Licht zu schaffen. Leider lassen sich die Tiere aber kaum zähmen, und zudem verlieren sie die Fähigkeit des Leuchtens nach wenigen Tagen in Gefangenschaft. Ähnlich negativ verliefen die Bestrebungen, das Leuchten experimentell zu reproduzieren. Es gelang nicht, die entsprechenden Prozesse im Labor nachzuahmen. Viele Volkskundler gehen davon aus, dass die Erzählungen und Sagen von Irrlichtern, auf Beobachtungen von Leuchtkämmen beruhen.

Nachts fangen Leuchtkämme Fledermäuse, die ihren Kopf umschwirren. Die Fledermäuse jagen Insekten, die vom Licht angelockt werden.

Meeraffe

Glaucopithecus maritimus

Wichtigste Merkmale Unverwechselbare, blau gefärbte Affen, deren Hinterextremitäten mit Schwimmhäuten versehen sind.

Aussehen Meeraffen erreichen eine Kopfrumpflänge von 50–70 cm bei einem Gewicht von 6–8 kg. Der für einen Primaten ungewöhnlich breite Schwanz kann bis zu 50 cm lang werden. Die männlichen Tiere sind in der Regel etwas größer als die Weibchen. Die Zehen der Hinterfüße sind mit kräftigen Schwimmhäuten versehen. Das kurze Fell der Meeraffen ist an der Oberseite blaugrün, die Unterseite sowie der Haarkranz um das schwarz gefärbte haarlose Gesicht sind dagegen hellblau. Meeraffen fehlt im Gegensatz zu anderen warmblütigen Meerestieren eine isolierende Speckschicht, die sie vor dem kalten Meerwasser schützt. Zum Ausgleich besitzen die marin lebenden Affen jedoch ein unglaublich dichtes, wasserabweisendes, luftspeicherndes Fell. Hier finden sich bis zu 150 000 Haare auf einem einzigen Quadratzentimeter Haut. Zum Vergleich: Auf dem Kopf eines Menschen findet man gerade mal 300 Haare pro Quadratzentimeter.

Vorkommen Meeraffen sind heute nur noch auf der Insel Bonobo vor der Südküste Translunariens anzutreffen. Dort bewohnen sie die artenreichen Mangrovenwälder des Bernhard-Grzimek-Nationalparks.

Nahrung Meeraffen ernähren sich in erster Linie von Fischen und anderen Meerestieren. Ab und an werden jedoch auch Früchte, Blätter und junge Triebe verzehrt.

Biologie Meeraffen sind die einzigen Primaten – sieht man einmal vom Menschen ab –, die bisher in den Lebensraum Meer vorgedrungen sind. Die Tiere sind nicht nur ausgezeichnete Schwimmer, sondern auch exzellente Taucher. So stellen sogar Tauchtiefen jenseits der Zehn-Meter-Marke kein Problem für die gut an das feuchte Element angepassten Affen dar.
Beim Nahrungserwerb spielen Hilfsmittel eine größere Rolle: So hat man wiederholt beobachtet, dass Meeraffen Speere herstellen, indem sie zunächst einen Zweig von einem Baum abbrechen, um danach sorgfältig Seitenäste und Blätter zu entfernen und den Speer dann mit Hilfe ihrer Schneidezähne an einem Ende anzuspitzen. Mit den selbst hergestellten Speeren gehen die Affen recht erfolgreich auf die Jagd nach Rochen und anderen Plattfischen. Zudem nutzen sie Steine als Hammer, mit denen sie so lange auf Muscheln und Meeresschnecken einschlagen, bis die harte Schale zerbricht und sie an die proteinreiche Nahrung gelangen können.

Wissenswertes Meeraffen werden von der International Union for the Conservation of Nature (IUCN) als »stark gefährdet« gelistet. Die Gesamtpopulation der Meeraffen wird heute auf gerade mal noch 5000 Exemplare geschätzt, und die Bestände gehen weiter zurück. Allerdings spielen anthropogene Einflüsse für den Bestandsrückgang der streng geschützten Tiere höchstens eine untergeordnete Rolle. Auffällig ist jedoch, dass überraschenderweise sehr viele Meeraffen natürlichen Fressfeinden wie etwa dem Affenhai zum Opfer fallen, obwohl ihr blaues Fell den Tieren unter Wasser eine vorzügliche Tarnung bietet.

Beim Nahrungserwerb spielen
Hilfsmittel eine wichtige Rolle.

Ohrensegler

Otocanis aerodynamicus

Wichtigste Merkmale Fuchsähnliches Raubtier; unverkennbar durch seine überdimensionierten, mehr als körperlangen Ohren, die einen Segelflug ermöglichen.

Aussehen Der Ohrensegler wird etwa 70 cm lang, hinzu kommt der annähernd ebenso lange Schwanz. Er besitzt ein bräunlichrotes, mittellanges Fell. Abgesehen von den riesigen Ohren erinnert er sehr an einen Fuchs. Wie dieser gehört er zu den Hundeartigen Raubtieren. Unter seiner Verwandtschaft haben auch der afrikanische Löffelhund sowie der die arabischen und nordafrikanischen Wüsten bewohnende Fennek oder Zwergfuchs besonders große Ohren entwickelt. Die Ohren von keinem erreichen aber auch nur annähernd Dimensionen wie beim Ohrensegler. Auffällig ist ebenfalls der lange Schwanz, der beim Segelflug als Steuerhilfe dient.

Vorkommen Bewohnt die Baumsavannen Drakuriens, wo er meist auf Bäumen herumklettert, wird aber auch in Translunarien oft gesichtet. Meidet Wälder mit zu dichtem Bewuchs, weil das seine Segelflüge behindern würde.

Nahrung Der Ohrensegler lebt von allem, was er an tierischer Nahrung auf Bäumen finden kann. Überwiegend sind das Insekten, aber er erbeutet auch baumbewohnende Echsen und Frösche, plündert Vogelnester und verschmäht auch einen Vogel nicht, wenn er seiner habhaft werden kann.

Biologie Mit seinen kräftigen Krallen gut an die kletternde Lebensweise in Bäumen angepasst. Bei Gefahr durch ein Raubtier kann er seine Ohren entfalten und mit diesen Tragflächen sicher zum Boden gleiten. Dass Ohrensegler keinen aktiven Flug entwickelt haben, dürfte vor allem daran liegen, dass die Flugorgane am Kopf sitzen. Dort ist aber nicht genügend Platz vorhanden, um die für einen aktiven Flug notwendige kräftige Flugmuskulatur aufzubauen. Da die riesigen Ohren beim Klettern im Geäst hinderlich wären, werden sie in Ruhe zusammengefaltet auf den Rücken gelegt. Der Faltmechanismus hat gewisse Ähnlichkeit mit dem bei den Fledermäusen. Ein klassisches Beispiel für eine konvergente Entwicklung.
Zur Fortpflanzungszeit bauen die Weibchen ein einfaches Nest aus Ästen, Blättern und teilweise auch dürrem Gras, das eigens vom Boden heraufgeholt wird. Nach einer Tragzeit von etwa 7 Wochen werden 2 bis 5 Junge geworfen. Diese haben bei der Geburt noch keine vergrößerten Ohren, können also nicht segeln. Zunächst bleiben sie im Nest, werden aber nach wenigen Tagen immer häufiger von der Mutter auf deren Streifzüge mitgenommen. Dabei klammern sie sich im Fell fest. Selbst bei den Gleitflügen können sie so von der Mutter getragen werden. Im Alter von 2½–3 Monaten sind die Ohren dann so weit entwickelt, dass die Jungen ihre ersten Segelflüge unternehmen können und ein selbstständiges Leben beginnen. Mit etwa 9 Monaten werden sie geschlechtsreif, die Lebenserwartung beträgt maximal 12 Jahre.

Wissenswertes Der Ohrensegler ist heute sehr selten geworden, und sein Überleben ist trotz umfangreicher Schutzbemühungen infrage gestellt. Früher, als er noch häufiger war, hat die einheimische Bevölkerung den putzigen Kerl gern als Haustier gehalten. Dabei verkümmerten allerdings seine Flugkünste.

Die weit abgespreizten Ohren
ermöglichen den Gleitflug.

In Ruheposition werden die Ohren
auf dem Rücken zusammengelegt.

Ohrenwinker, Gemeiner

Auriculus giganteus

Wichtigste Merkmale Nagetier von der Größe eines Murmeltieres. Auffälligstes Kennzeichen ist das überdimensional entwickelte rechte Ohr beim Männchen.

Aussehen Ohrenwinker haben eine Kopfrumpflänge von 50–60 cm, hinzu kommt ein verhältnismäßig kurzer, etwa 10 cm langer Schwanz. Ihr Körpergewicht liegt zwischen 4500 und 5500 g. Das kurze, feste Fell ist oberseits gelbbraun bis grau gefärbt. Die Körperunterseite ist deutlich heller, der Farbton kann jedoch, je nach Verbreitungsgebiet variieren. Das rechte, dunkelrotbraun gefärbte Ohr (in ganz wenigen Ausnahmefällen entsprechend das linke Ohr) der Männchen ist deutlich größer als das andere Ohr und erreicht eine Länge von bis zu 12 cm.

Vorkommen Lebensraum des Ohrenwinkers sind die ausgedehnten baum- und buschfreien Gras- und Steppenlandschaften der nördlichen Hemisphäre, wo die tagaktiven Tiere unterirdische Bauten bewohnen. Der eigentliche Wohnkessel liegt in rund 4 m Tiefe und ist über zahlreiche Gänge mit der Oberfläche verbunden. Obwohl Ohrenwinker in riesigen Kolonien von bis zu 2000 Individuen leben, besitzt jedes Tier einen eigenen Bau, den es gegenüber Artgenossen verteidigt.

Nahrung Ohrenwinker sind überwiegend Pflanzenfresser und ernähren sich in der Hauptsache von frischen Gräsern und Wurzeln, aber auch abgestorbene Vegetation und der Dung großer Säuger werden nicht verschmäht. Als tierische Nahrung dienen hauptsächlich Insekten, die eine wichtige Rolle bei der Deckung des Eiweißbedarfes spielen.

Biologie In der Brunftzeit im Herbst kommt es bei den Ohrenwinkern zu einer bei Säugetieren einmaligen Art der Partnerfindung: Die vor ihren Wohnhöhlen stehenden männlichen Ohrenwinker locken paarungsbereite Weibchen an, indem sie heftig mit ihrem vergrößerten rechten Ohr winken. Dabei kann es zu einer Synchronisation dieses namensgebenden Verhaltens bei den Männchen einer ganzen Kolonie kommen, die quasi im »Gleichtakt« mit den Ohren winken. Die Weibchen begutachten zunächst die winkenden Männchen hinsichtlich ihrer Ohrengröße und Färbung und folgen ihnen bei Gefallen in ihre Höhle. Ohrenwinkerweibchen gehören jedoch bei der Partnersuche zu den wählerischsten Tieren überhaupt. Sie unterziehen die Höhlen nämlich einer sorgfältigen Inspektion, bevor sie sich für einen Sexualpartner entscheiden. Englische Wissenschaftler haben herausgefunden, dass ein Weibchen im Schnitt 17 Höhlen inspiziert, bevor es sich endgültig auf einen Partner festlegt. Die Forscher beobachteten sogar ein Weibchen, das insgesamt 51 Höhlen besuchte und in das Auswahlverfahren mehr als 5 Stunden investierte. Nach neuesten Erkenntnissen bestimmen vor allem Anzahl und Beschaffenheit der Fluchtgänge der Höhle die Wahl des Ohrenwinkerweibchens, da diese Kriterien offensichtlich entscheidend für die Überlebenschancen des zukünftigen Nachwuchses bei einer Bedrohung durch Fressfeinde sind.

Wissenswertes Zur Brunftzeit sind Ohrenwinkerkolonien beliebte Reiseziele für Touristen aus aller Welt, die dieses außergewöhnliche Spektakel einmal in natura erleben wollen.

Das rechte Ohr ist deutlich größer als das linke
und dient zum Anlocken der Weibchen.

Panzerhase

Lepus loricus

Wichtigste Merkmale Großer Hase, mit grauer, lederartiger, haarloser Haut, die an eine mittelalterliche Panzerung erinnert. Der kräftige Schwanz endet in einer morgensternartigen Kugel.

Aussehen Der Panzerhase wird etwa 70–90 cm lang, bei einer mittleren Körpermasse von 8–10 kg; große Männchen erreichen bis zu 14 kg. Auffallend sind die – umgangssprachlich als »Superlöffel« bezeichneten – sehr langen Ohren. Seinen Namen verdankt der Panzerhase seiner grauen, sehr massig wirkenden, dicken Haut, die die Tiere wie eine Rüstung vor Fressfeinden wie dem Schneewolf schützt. Dabei unterteilen tiefe Falten die Haut in einzelne Bereiche, die auf den Betrachter wie genietete Stahlplatten wirken. Die Hinterbeine sind im Gegensatz zu den anderen Hasenarten nicht als Sprungbeine ausgebildet, sondern nur unwesentlich länger als die Vorderbeine. Der muskulöse, etwa 30 cm lange Schwanz verdickt sich am Ende zu einer knochenstachelbewehrten Kugel, die an einen mittelalterlichen Morgenstern erinnert, weshalb der Schwanz in der Jägersprache auch als »Todesblume« bezeichnet wird.

Vorkommen Der Panzerhase ist über die Taiga- und Tundragürtel der nördlichen Halbkugel weit verbreitet, fehlt aber in den entsprechenden Lebensräumen der Südhalbkugel. In den Bergen findet man ihn bis in 3000 m Höhe. Sein heutiges Verbreitungsgebiet umfasst Lagomorphien, das nördliche Leporien sowie weite Teile des Löffel-Subkontinents.

Nahrung Im Gegensatz zu den übrigen Hasenartigen ist der Panzerhase kein reiner Pflanzenfresser, sondern ein Allesfresser, wobei der Anteil von Pflanzen etwa drei Viertel der Gesamtnahrung ausmacht. Daneben erbeuten Panzerhasen jedoch auch Kleintiere wie Würmer, Insekten, Schnecken und Mäuse.

Biologie Panzerhasen leben in Herden von bis zu 200 Tieren, die über Jahre in ein und demselben Gebiet bleiben und dies auf festgelegten Routen durchwandern. Mit Hilfe ihres Waffenschwanzes können sich Panzerhasen wirksam gegen Raubtiere zur Wehr setzen, sodass selbst deutlich körperlich überlegene Räuber einen Angriff oft mit schweren Verletzungen bezahlen. Lediglich den im Rudel jagenden Tundralöwen gelingt es immer wieder, einzelne Tiere zu isolieren und dann gemeinschaftlich zu erlegen. In Lagomorphien erbeuten auch große Schneekrokodile immer wieder Panzerhasen, wenn diese Flüsse durchqueren oder zum Trinken ans Wasser kommen. In der Paarungszeit tragen die Männchen oft Kämpfe um das Paarungsvorrecht aus, um die Herdenhierarchie festzulegen. Auch bei diesen Kämpfen kommen die »Morgenstern«-Schwänze zum Einsatz. Oft ist die Intensität der Kämpfe so stark, dass die Verlierer ihren Verletzungen erliegen.

Wissenswertes Seit der Ausrottung des Tundralöwen in Leporien gegen Ende des letzten Jahrhunderts hat sich der Panzerhase dort mangels natürlicher Feinde explosionsartig vermehrt und wurde zu einer Plage, die in der Landwirtschaft für schwere Verluste sorgte. Deshalb wird der Panzerhase in dieser Region heute erbarmungslos gejagt. Mehrere leporische Bundesstaaten haben sogar »Schwanzprämien« für die Bejagung der Tiere ausgelobt.

Der Schwanz des Panzerhasen
ist eine gefürchtete Waffe.

Schlangenschwanzwaran

Varanus anquinocaudatus

Wichtigste Merkmale Mittelgroßer, grau-schwarzer Waran, dessen Schwanz bei Bedrohung durch Fressfeinde sehr stark einer aufgerichteten Kobra ähnelt.

Aussehen Die Art erreicht eine Kopfrumpflänge von bis zu 80 cm, bei einem Gewicht von bis zu 4 kg. Schlangenschwanzwarane gehören vom Habitus eher zu den langgestreckten, schlanken Waranen mit schmalem Kopf und langem Hals. Die Extremitäten sind kräftig und besitzen mit dolchartigen Krallen bewehrte Zehen. Der Schwanz ist etwa doppelt so lang, wie Kopf und Rumpf. Rücken und Schwanz sind dunkelgrau bis schwarz gefärbt, während der Bauch eine gräulichgelbe Färbung aufweist. Charakteristisch ist die Zeichnung der Schwanzspitze, mit der die Kopfregion (Maul, Augen, Halsschildzeichnung) einer Kobra bis ins Detail imitiert wird.

Vorkommen Das Verbreitungsgebiet der Warane ist sehr klein. Die Tiere leben heute nur noch auf 4 Inseln des Kleopatra-Archipels. Hauptverbreitungsgebiet ist die rund 200 Quadratkilometer große Insel Kaa, auf der noch eine seit vielen Jahren stabile Population von etwa 1500 Individuen der außergewöhnlichen Echsen lebt. Bevorzugter Lebensraum sind die Waldränder und Lichtungen des tropischen Regenwaldes, manchmal aber auch offene Gelände an den Ufern eines Gewässers.

Nahrung Der Schlangenschwanzwaran ist hinsichtlich seiner Nahrung nicht sonderlich wählerisch. Hauptbeute sind Kleinsäuger bis zur Größe eines Kaninchens, aber auch Vögel und andere Waranarten. In schlechten Zeiten ernähren sich die großen Echsen sogar mitunter von Insekten und verschmähen auch Aas gelegentlich nicht.
Üblicherweise werden kleinere Beutetiere mit dem dehnbaren Maul im Ganzen verschluckt, große Beutetiere dagegen zunächst mit den Klauen regelrecht zerfetzt und die Teile anschließend verschlungen.

Biologie Bei Gefahr, etwa durch Fressfeinde wie den Inselkondor *(Vultur insulanus)* oder den Südseewolf *(Lupus ludwigii)*, versuchen Schlangenschwanzwarane zunächst zu fliehen. Ist dies nicht möglich, pressen die Tiere ihren Körper flach auf den Boden, während sie gleichzeitig ihren Schwanz aufrichten und mit diesem täuschend echt die Drohstellung einer Kobra imitieren. Dabei wird mit speziellen Schwanzrippen der Schwanz unmittelbar vor der Schwanzspitze zu einem breiten Schild ausgebreitet, sodass die Schwanzzeichnung besonders deutlich sichtbar wird. Die Schwanzspitze mit der augenähnlichen Zeichnung wird dabei, einen zustoßbereiten Schlangenkopf imitierend, waagrecht auf den Angreifer gerichtet. Um die Illusion einer verteidigungsbereiten Kobra zu perfektionieren, stoßen die Echsen zusätzlich zur optischen Täuschung auch noch zischende Drohlaute aus.

Wissenswertes Ihre perfekte »Kobramimikry« wurde den einst auf vielen Inseln des südlichen Meeres verbreiteten Schlangenschwanzwaranen vielerorts zum Verhängnis. Als vermeintliche Gifttiere wurden die Echsen erbarmungslos verfolgt und ausgerottet. Auf anderen Inseln waren die Warane dagegen gern gesehene Gäste, da die Echsen eine effiziente Bekämpfung von Ratten und anderen Schädlingen gewährleisteten.

Bei Bedrohung zeigt der Schlangenschwanzwaran
seine charakteristische »Kobra-Mimikry«.

Schleudernase

Cephalnasus funda-mittere

Wichtigste Merkmale An eine kleine Antilope (Ducker) erinnerndes Tier mit einer auffällig verlängerten, verdickten Nase.

Aussehen Etwa 1 m lang. Überwiegend braun gefärbt, Flanken mit auffälliger Zebrazeichnung. Die Nase besitzt eine besondere Muskulatur, die derjenigen in der Zunge eines Chamäleons ähnlich ist, und kann bis nahezu dem 4-fachen der Körperlänge ausgezogen werden. Lange Ohren, dadurch gutes Gehör; hervorragender Geruchssinn. Kurzer Schwanz.

Vorkommen Lebt vor allem in den Savannen von Elastanien und Langdehnien, kommt aber auch in Translunarien vor. Ein lockerer Baumbewuchs mit einigermaßen guter Rundumsicht ist Voraussetzung für das Vorkommen der Art.

Nahrung Allesfresser. Weidet Gras und Blätter von Büschen ab, nimmt aber auch kleine Nagetiere, Echsen und größere Insekten. Diese werden mit der Nasenkeule erschlagen (zielgenau bis 3 m Entfernung) und dann gefressen. Auch Früchte werden mit der Keule von Bäumen geschlagen.

Biologie Auf der Flucht können die Tiere ihre Nase weit nach oben schleudern, sodass sich das Ende um den Ast eines Baumes schlingt. Durch elastische Verkürzung wird dann das gesamte Tier nach oben gezogen und ist für den Verfolger nicht mehr erreichbar (anderer Name: Baumhänger). Charakteristisch ist das sogenannte Abwehrurinieren: Der Harn wird dabei auf den unter dem Baum wartenden Verfolger gespritzt. Der Räuber erhält dadurch einen auffälligen Geruch und wird zukünftig früh von den Beutetieren erkannt. Da das die Räuber wissen, lassen sie stets rasch von den Baumhängern ab und trollen sich davon. Bevor sich eine Schleudernase wieder herablässt, wird die Umgebung genau sondiert. Durch einen Spiralmuskel in der Nase kann sich das Tier beim Hängen um seine Längsachse drehen und so in alle Richtungen sichern.
Schleudernasen leben meist in kleinen Familienverbänden von 3–8 Tieren. Während der Brunst werden dem Weibchen die apfelgroßen Früchte des Nasenbrotbaumes überreicht. Von je weiter oben ein Männchen eine Frucht herabschlagen kann, desto größer ist seine Attraktivität für das Weibchen. Nach einer Trächtigkeit von 4 Monaten wird 1 Junges geworfen, das gleich nach der Geburt mit der Gruppe weiterzieht. Neugeborene springen bei der Flucht (und beim Hochziehen auf einen Baum) auf den Rücken der Mutter, klammern sich fest und schlingen ihre Schleudernase um deren Hals, um Halt zu bekommen. Säugezeit 3 Monate, Geschlechtsreife mit 1 Jahr. Die weiblichen Jungtiere bleiben auch danach in ihrer Gruppe; die männlichen gehen auf Wanderschaft. Sie schließen sich später einem anderen Verband an oder werben von großen Gruppen Weibchen ab, um eine eigene Familie zu gründen. Manche leben auch längere Zeit als einzelgängerische Junggesellen.

Wissenswertes Als Kulturfolger in Parklandschaften englischen Stils, wo sich die Tiere zur Belustigung der Besucher vor aggressiven Hunden auf die Bäume retten. Im Siedlungsbereich wenig Scheu vor Menschen. Schleudernasen werden manchmal lästig, indem sie Früchte stehlen, wenn jemand Picknick macht.

Im Ruhezustand ist die namengebende Schleudernase ein keulenförmiges Organ.

Bei der Flucht kann sie um einen hohen Ast geschlungen werden, an dem sich das Tier nach oben zieht.

Schnüffelbär

Giganasua bonus-olfacere

Wichtigste Merkmale Am auffälligsten ist zweifellos die überdimensioniert große Nase, die den Schnüffelbären unter allen Säugetieren unverwechselbar macht.

Aussehen Wird etwa 80 cm lang, wobei die riesige Nase etwa ⅓ der Körperlänge ausmacht. Ähnelt ansonsten dem amerikanischen Nasenbären, mit dem er auch verwandt ist. Der Kopf besteht fast nur aus Nase: fleischfarben, oft an der Spitze mit einem Touch ins Rötliche. Fell in dunkleren Brauntönen; Schwanz mittellang.

Vorkommen Der Schnüffelbär kommt nur in Gebieten mit sauberer Luft vor. Ein Gräuel sind ihm intensive Gerüche, etwa Misthaufen oder Rauch. Hauptvorkommen in Olfaktorien, Odoratien, Nasutien und im Antistinkigem Tiefland. Da er Industrie- und Autoabgase meidet, wird er im Umfeld der menschlichen Zivilisation kaum angetroffen.

Nahrung Allesfresser, der seine Nahrung mit dem Geruch findet. Schnüffelt überall herum auf der Suche nach Essbarem: am Boden, in Ritzen und Spalten, unter Steinen, an Gräsern und Büschen. Frisst Beeren, Früchte, Honig, Insekten und anderes Kleingetier, das er auch sehr zielsicher in der Bodenstreu ausfindig macht. Die walnussgroßen reifen Früchte des Nurasumus-Strauches, eine seiner Lieblingsspeisen, riecht er über viele Kilometer,.

Biologie Schnüffelbären leben einzelgängerisch und durchstreifen auf der Suche nach Nahrung weite Gebiete. Ihren Feinden können sie dank des hervorragenden Geruchssinns meist rechtzeitig ausweichen. Die Weibchen verströmen zur Paarungszeit einen aromatischen Duft, der die Männchen von weit her anlockt. Treffen diese ein, flieht und versteckt sich das Weibchen zunächst. Die Männchen versuchen, das Weibchen aufgrund dessen Dufts aufzuspüren, und verfolgen es. Oft geht die Jagd über mehrere Stunden, bis das Weibchen schließlich in Paarungsstimmung ist. Meist lässt es sich dann von mehreren Männchen begatten. Man hat allerdings beobachtet, dass Männchen mit besonders großer Nase bevorzugt werden. Nach einer Tragezeit von 10 Wochen wirft die Bärin 2–3 Junge, die zunächst etwa 3–4 Tage in einem Nest (eine einfache Bodenmulde) abgelegt werden, bevor sie dann der Mutter folgen. Die Nase erreicht erst im Verlauf der Entwicklung bis zur Geschlechtsreife mit etwa 2 Jahren ihre endgültige Größe.

Wissenswertes Der Duftstoff der paarungswilligen Weibchen wird in der Schumos-Drüse gebildet. Er wurde früher zur Herstellung eines wertvollen Parfüms gesammelt, wozu die Bären getötet werden mussten. Inzwischen sind Schnüffelbären streng geschützt. Das Schumos-Parfüm wird heute synthetisch hergestellt, wobei das Kunstprodukt nicht ganz das intensive Aroma des Naturstoffes erreicht. Die Haltung von Schnüffelbären (z. B. zur Gewinnung des Schumos-Grundstoffes) ist bisher noch nicht geglückt.
Da eine beträchtliche Nachfrage nach einem Tier mit so außergewöhnlichem Geruchssinn besteht, hat man inzwischen eine Hunderasse mit ähnlich leistungsfähiger und großer Nase gezüchtet: Der Nasenpointer wird erfolgreich zur Drogenfahndung, zum Aufspüren vermisster Personen, als Rettungshund und zur Trüffelsuche eingesetzt.

Schnüffelbären können einzelne Duftmoleküle in der Luft identifizieren.

Schutzschildpaka

Cuniculus scutum

Wichtigste Merkmale Größeres Nagetier aus der Verwandtschaft der Meerschweinchen; auffällig sind die Hornschilde auf Kopf, Rücken und Außenseite der Beine.

Aussehen Ist mit der südamerikanischen Paka verwandt und mit einer Körperlänge von 70–80 cm auch etwa so groß wie diese. Fell erdfarben braun, Panzer etwas heller. Die auffälligen Schilde sind starre Hornplatten, rau wie grober Fels; kurzes Fell nur auf den anderen Körperpartien. Bei Gefahr drückt sich die Schutzschildpaka flach auf den Boden. Die Hornplatten bilden dann einen einheitlichen Schild: Kopf- und Beinplatten fügen sich passgenau in Aussparungen der Rückenschilde. Die langen Klauen werden in den Boden gerammt und verhindern, dass die Schutzschildpaka vom Räuber umgedreht wird. Kurze Ohren und sehr kurzer Schwanz, die in Verteidigungsstellung ganz unter dem Schild verborgen sind.

Vorkommen In Graslandschaften (Prärien, Pampas, Savannen) und lichten Wäldern, vor allem von Nord- und Südamerika, Patellanien und Schildbürgen.

Nahrung Reiner Pflanzenfresser, der vor allem von Gräsern lebt, aber auch Beeren und Früchte nimmt, wenn er sie findet.

Biologie Wird eine Schutzschildpaka von einem Räuber entdeckt, flieht sie nicht, sondern presst sich an den Boden. Beim Kampf um ein Weibchen drücken sich die Männchen gegenseitig mit ihren Kopfplatten weg. Hat sich ein Paar gefunden, bleibt es meist ein Leben lang zusammen. Männchen und Weibchen halten Kontakt durch pfeifende und knurrende Geräusche. Begattungsversuche eines fremden Männchens werden vom Weibchen durch die Schutzschildhaltung unterbunden. Bei der Geburt haben die 5–6 Jungen zunächst ganz weiche Hornplatten. Sie verbleiben die ersten 2 Tage unter dem Schutzschild der Mutter. Danach übernimmt das Männchen einen Teil der Jungen, die aber zum Säugen nach wie vor zur Mutter gehen. Die ersten 5–6 Wochen können sich die Jungen wegen des weichen Panzers nicht selbst schützen. Sie werden bei Gefahr durch einen scharfen Pfiff zu den Eltern gerufen und verbergen sich unter deren Panzer.
Nach etwa 6 Wochen suchen die Jungen ihre eigene Nahrung, verbleiben aber für weitere 7–8 Wochen im Umfeld der Eltern. Bei Gefahr nehmen sie jetzt selbst die Schildhaltung ein. Da die Jungen aber noch stärker gefährdet sind (weil z. B. die Klammerklauen noch nicht kräftig genug entwickelt sind), versuchen die Eltern, durch das sogenannte Verleiten die Feinde von ihnen abzulenken: Durch jammernde Geräusche und Humpeln täuschen sie ein verletztes Tier vor und lenken so die Aufmerksamkeit des Räubers auf sich. Schutzschildpakas schlafen in der typischen Verteidigungsstellung. Zur Reinigung, z. B. von Parasiten, lieben sie es, ausgiebige Sandbäder zu nehmen, wobei sie sich teilweise regelrecht einbuddeln. Lebenserwartung etwa 15 Jahre.

Wissenswertes Schutzschildpakas haben ein sehr schmackhaftes Fleisch und werden deshalb gern gejagt. Ihre Panzer widerstehen zwar Pfeilen, werden allerdings von Gewehrkugeln durchschlagen. Vor der Entdeckung von Feuerwaffen wurden die Tiere in Bodenfallen gefangen.

Die starren Hornschilde fallen
ganz besonders auf.

Bei Gefahr drückt sich das Tier an den Boden, verhakt
sich mit den Klauen im Untergrund und die Schilde
bilden einen kompakten Panzer.

Steppenspringschwanz

Desertosicarius saltocaudatus

Wichtigste Merkmale Hasengroßes Raubtier. Namensgebend ist der lange, abgeflachte mit einem Gelenk versehene Schwanz. Weitere Kennzeichen sind die kräftigen Hinterbeine sowie die stark vergrößerten Ohren.

Aussehen Der Steppenspringschwanz wird etwa 60–70 cm lang, bei einer mittleren Körpermasse von 4–5 kg. Rücken und Kopf sind blassgelb bis beigebraun, die Unterseite hat eine schmutzigweiße bis hellgelbe Farbe. Auffällig sind die großen kräftigen Hinterbeine, die zu Sprungbeinen ausgebildet und deutlich größer sind als die vorderen Gliedmaßen, die zum Greifen dienen. Der rund 40 cm lange flache Schwanz, der mit einem Gelenk versehen ist, das ein rasches Vorschnellen ermöglicht, wird in Ruhe zwischen den Hinterbeinen eingeklappt.

Vorkommen Steppenspringschwänze leben in den Steppen und Halbwüsten Saltias. Hauptverbreitungsgebiete sind zum einen die Grasgebiete im Süden, zum anderen die Steinwüsten im Norden des Kontinents.

Nahrung Die Grundnahrung des Steppenspringschwanzes bilden kleine bis mittelgroße pflanzenfressende Säugetiere. Der Räuber nutzt dabei die im jeweiligen Lebensraum dominierenden Arten. So werden in den Steppenlandschaften in der Regel Sandkaninchen, in der Steinwüste dagegen Wüstenhörnchen gejagt.

Biologie Steppenspringschwänze können bis zu 8 m weit und bis zu 3 m hoch springen. Um diese im Vergleich zu ihrer Körpergröße gewaltige Sprungleistung zu erreichen, ist die Muskelkraft der Hinterbeine alleine jedoch nicht ausreichend. Das Geheimnis der Sprungkraft der Wüstenbewohner liegt im Gelenk ihres kräftigen Sprungschwanzes. Dort besitzen die Tiere nämlich Polster des elastischen Proteins Saltilin, das in hohem Maße Energie speichern und diese bei Bedarf explosionsartig in Bewegungsenergie freisetzen kann und dem Steppenspringschwanz auf diese Weise sehr weite und hohe Sprünge ermöglicht.
Steppenspringschwänze jagen stets in den kühlen Abend- bzw. Morgenstunden. An der Jagd ist immer das ganze Rudel beteiligt. Bei diesen Hetzjagden können die Tiere durch die perfekte Synchronisation von Hinterbeinen und Sprungschwanz kurzfristig Geschwindigkeiten von mehr als 50 km/h erreichen. Ist das flüchtende Beutetier schließlich ermüdet, wird es niedergerissen und vom Rudel bei lebendigem Leibe regelrecht zerfetzt.

Wissenswertes Da Steppenspringschwänze keine Schweißdrüsen besitzen, strahlen die Tiere überschüssige Körperwärme über die verhältnismäßig große Fläche ihrer Ohren ab, um sich vor Überhitzung zu schützen. Da die Tiere durch dieses System kein Wasser zur Stabilisierung ihrer Körpertemperatur verbrauchen, müssen sie keine Wasserstellen aufsuchen, sondern können ihren gesamten Flüssigkeitsbedarf aus der Nahrung decken. Versuche, Steppenspringschwänze zur Jagd abzurichten, scheiterten bisher stets an der hohen Aggressivität der Tiere. So wurden in der Vergangenheit Besitzer beim Versuch, Steppenspringschwänze zu domestizieren, von diesen wiederholt heftig attackiert und in einigen Fällen schwer verletzt.

Das Geheimnis der Sprungkraft liegt im Gelenk des Sprungschwanzes.

Steppenspringschwänze sind gefürchtete Räuber.

Trompetendommel

Botaurus avivorus

Wichtigste Merkmale Einbeiniger, an einen verwitternden Pfahl erinnernder Vogel mit kurzen Stummelflügeln und einem langen, trichterförmigen Schnabel.

Aussehen Trompetendommeln sind etwa 80 cm lang und erreichen ein Gewicht von bis zu 3,5 kg. Das Gefieder ist von gelbbrauner Farbe. Die Federn selbst sind schuppenartig kurz, was dem Gefieder einen borkenartigen Charakter verleiht. Die Flügel, die an Konsolenpilze erinnern, sind so stark reduziert, dass sie sich nicht mehr zum Fliegen eignen. Der an der Spitze deutlich verbreiterte Schnabel ähnelt verblüffend einer sogenannten gestopften Trompete. Die schmalen, mondsichelförmigen Augen sind horizontal am Kopf positioniert und decken dadurch ein Sichtfeld von nahezu 360 Grad ab. Das verbliebene rechte, pfahlartige Bein ist relativ lang und mit einer kräftigen Muskulatur versehen. Es endet in einem sogenannten anisodactylen Fuß, d. h. die Mittelzehe ist stets am längsten, die Hinterzehe steht ihr direkt gegenüber. Die durch Schwimmhäute verbundenen, stark verlängerten Zehen gewährleisten aus diesem Grund auch in schlammigem Boden einen sicheren Stand. Das linke Bein ist stark verkümmert und nur noch als Skelettrudiment ohne Verbindung zur Wirbelsäule vorhanden.

Vorkommen Vogel der gemäßigten Breiten, der bevorzugt in den Verlandungszonen von Seen, Teichen und Altwässern lebt. Trompetendommeln sind vor allem in ausgedehnten, nicht zu dichten Schilf- und Röhrichtbeständen zu finden, die den Vögeln ausreichend Deckung bieten.

Nahrung Die rein räuberisch lebende Trompetendommel ernährt sich ausschließlich von kleinen Singvögeln wie etwa Röhrichtsperling, Auwaldmeise oder Schilffink.
Trompetendommeln sind Lauerjäger, die gut getarnt in der sogenannten Pfahlstellung mit senkrecht nach oben gerichtetem Kopf und Schnabel mit nahezu unendlicher Geduld auf ihre Beute lauern. Und diese Geduld wird stets belohnt, denn über kurz oder lang landet ein kleiner Vogel auf der Suche nach einer im Schilffeld relativ seltenen Sitzgelegenheit nahezu zwangsläufig auf der abgeflachten Schnabelspitze.
Kaum hat ein Vogel dann auf der »Schnabelplattform« Platz genommen, wird der Schnabel ruckartig aufgerissen und das Beutetier, bevor es seinen tödlichen Irrtum bemerken kann, regelrecht eingesaugt,

Biologie Im Frühjahr sind die äußerst melodischen Balzgesänge der Männchen, die der Trompetendommel früher die volkstümlichen Bezeichnungen »Schilfmozart« bzw. »Pavarotti des Röhrichts« eingetragen haben, oft kilometerweit zu hören. Die männlichen Trompetendommeln sind penta-polygam, das heißt sie verpaaren sich stets mit 5 Weibchen, deren Nester in der Regel sternförmig um das Revier des Männchens angeordnet sind.

Wissenswertes Trompetendommeln sind ausgezeichnete Schwimmer, die sich dank ihrer schlanken Körperform und einer extrem beweglichen Wirbelsäule, die dem Vogel schlangenähnliche Bewegungen erlaubt, mit erstaunlicher Geschwindigkeit fortbewegen können. Das Bein dient bei der Schwimmbewegung als Ruder. Kürzere Entfernungen werden von den Vögeln jedoch in der Regel meist mit einbeinigen Hüpfsprüngen zurückgelegt.

Trompetendommeln lauern perfekt getarnt auf ihre Beute.

Tunnelmaul

Tubussaurus morawcsikii

Wichtigste Merkmale Ober- und Unterkiefer sind zu einer 15–20 cm langen, gut 2 cm dicken, elastischen Röhre verwachsen, ein Mund existiert nicht mehr. Größere Eidechse von 50–70 cm Länge (Röhrenspitze bis Schwanzende).

Aussehen Körper grob schuppig, kräftig braun und grün. Die Zeichnung erinnert an am Boden liegende Zweige und Blätter. Auffällig ist, dass der Kopf mit Röhre ganz ähnlich aussieht wie der Schwanz – sozusagen eine »Vorne-wie-hinten-Echse«, was wohl Angreifer verwirrt. Der Schwanz ist nicht hohl, sondern dient als Fettspeicher. Die Beine sind kurz und stämmig und erscheinen für die Größe des Tieres etwas klein.

Vorkommen Lebensraum sind lichte Laubwälder mit offenen Stellen, z. B. Lichtungen, auf denen das Sonnenlicht bis zum Boden dringt. Größere Vorkommen sind bekannt aus den Buchenwäldern von Röhrlingen sowie den Eichenwäldern von Tubecountry.

Nahrung Durch ihre Farbzeichnung sind Tunnelmäuler auf den abgestorbenen Blättern am Boden ihres Lebensraums hervorragend getarnt. Mit Vorliebe liegen sie reglos flach in der Sonne. Ihre Röhre ist gleichsam eine Einladung an alle möglichen kleinen Tiere, dort Schutz zu suchen (bei schlechtem Wetter auch vor Nässe). Käfer und andere Insekten, Spinnen, Tausendfüßer, aber auch kleine Eidechsen und Mäuse sowie eine Vielzahl weiterer Arten wollen sich verbergen. Sind sie erst einmal in die Röhre eingedrungen, braucht das Tunnelmaul nur einmal kurz zu saugen, und schon hat es die Beute.

Biologie Die Tiere leben einzelgängerisch, nur zur Fortpflanzung finden sich die Geschlechtspartner zusammen. Zu Beginn der Balz geben Männchen und Weibchen leise, aber doch deutlich vernehmbare trompetenartige Rufe von sich. Damit locken sich die Partner an. Sie nähern sich zunächst unter Kopfnicken, stellen dann ihre Röhren auf und umwinden sie gegenseitig, wenn sie ganz nahe beieinander sind. Erst nach diesem Röhrenumschlingen findet eine Kopulation statt.
Bei der Eiablage übergibt das Weibchen dem Männchen 10–15 weichhäutige Eier, die dieses in seinen Rüssel aufnimmt. Seine Aufgabe ist es nun, für den Schutz der Eier zu sorgen und besonders warme Stellen aufzusuchen, um die Entwicklung zu beschleunigen. Nach etwa 3–4 Wochen – während der gesamten Zeit nimmt das Männchen keine Nahrung zu sich – schlüpfen dann die Jungen. Sie sind bereits voll entwickelt und erbeuten in ihrer Röhre sehr kleine Tiere wie Springschwänze und Ameisen.
Es ist bekannt, dass Tunnelmaul-Weibchen mit verschiedenen Männchen kopulieren und auch Eier an mehrere Partner übergeben können. Genetische Tests haben ergeben, dass es gar nicht selten vorkommt, dass sich ein Männchen um die Eier eines Rivalen kümmert.

Wissenswertes Die Art wurde nach dem Biologen Dr. Johannes Morawcsik benannt, der sie während eines Forschungsaufenthalts in Röhrlingen entdeckte. Neben der beschriebenen Art gibt es noch das **Nadelwald-Tunnelmaul**, dessen Körperzeichnung an die am Boden liegenden Nadeln von Fichtenwäldern erinnert.

Vorder- und Hinterende des Tunnelmauls sehen fast gleich aus.

Das sogenannte Röhrenumschlingen gehört zum Balzritual.

Vielfüßer

Octoos insigne-cauda

Wichtigste Merkmale Etwa 50 cm lange Echse mit 8 Beinpaaren und einem 3-teiligen Schwanz.

Aussehen Erinnert von der Körperform etwas an einen Gecko, ist aber durch die Zahl der Beine, den eigenwilligen Schwanz und die ungewöhnliche Kopfform unverkennbar. Der Schwanz erreicht fast die Hälfte der Körperlänge, der mittlere Ast ist etwas länger als die beiden seitlichen. Körperoberfläche feinschuppig wie bei anderen Echsen. Die Körperfärbung kann hervorragend dem jeweiligen Untergrund angepasst werden, von weißlichen Tönen auf Kalkfelsen bis fast schwarz auf vulkanischem Gestein. Die Füße besitzen jeweils 3 kräftige, vorn noch etwas breitere Zehen, die wie bei einem Gecko mit mikroskopisch feinen Härchen (Setae) versehen sind. Sie können sich jeder minimalsten Rauheit der Oberfläche anpassen und ermöglichen so eine optimale Haftung (sogenannte Van-der-Waals-Kräfte).

Vorkommen Bewohnt sonnenbeschienene Felsregionen weltweit bis in Höhen von 2500 m und kann auch an senkrechten und überhängenden Wänden hervorragend klettern. Bekannt sind die Populationen von Multipedien, Haftbergen und des Freeklimb-Gebirges. Eine eigene Unterart lebt auf den nach ihr benannten Vielfüßer-Kliffs der Geckonischen Küste im Süden von Translunarien.

Nahrung Vielfüßer leben einzelgängerisch und streifen auf Nahrungssuche oft weit umher. Sie ernähren sich überwiegend von Insekten, die sich z. B. auf sonnenbeschienenen Felsen aufwärmen und mit der langen Schleuderzunge gefangen werden. Wenn sie ihrer habhaft werden können, verschmähen sie aber auch kleine Nager oder Jungtiere nicht. Die Unterart an der Geckonischen Küste hat sich darauf spezialisiert, Eier und Jungvögel aus den Nestern der Vogelfelsen zu rauben.

Biologie Ein besonders auffälliges Schauspiel ist die Balz der Vielfüßer. Die Männchen besitzen 1–2 cm lange Hornplättchen entlang der Seiten der Schwanzäste. Diese können abgespreizt werden und bilden dann einen abwechselnd blau und rot gezeichneten Saum. Zur Balz wird der Schwanz steil aufgerichtet und rhythmisch bewegt. Das lockt die mit exzellentem Sehvermögen ausgestatteten Weibchen aus großer Entfernung an. Um die Wirkung zu erhöhen, balzen die Männchen auf exponierten Felsen und an Tagen mit besonders guter Fernsicht.
Ein Männchen paart sich in der Regel mit mehreren Weibchen. Diese kleben die 60–80 Eier in mehreren Gruppen an wärmeren, besonnten Stellen in Felsspalten und überlassen sie sich selbst. Nach etwa 6–8 Wochen schlüpfen die Jungen, die sofort ein eigenständiges Leben in den Felsen beginnen, sich aber zunächst von kleineren Beutetieren ernähren. Überwinterung eingegraben im Boden oder in tiefen Felsspalten verborgen.

Wissenswertes Nah verwandt ist der bis 80 cm lange **Höhlen-Vielfüßer** (*Octoos caecus*). Er besitzt (wie viele andere Höhlenbewohner) keine Augen, dafür aber einen ausgezeichneten Geruchssinn. Seine Hauptnahrung sind Fledermäuse, die in den Höhlen Schutz und Winterquartier suchen und eine leichte Beute für die geschickt an den Höhlendecken kletternden Vielfüßer werden.

Durch Winken mit dem aufgestellten farbkräftigen Schwanz können Weibchen von weit her angelockt werden.

Die Körperfärbung kann dem jeweiligen Untergrund angepasst werden.

Wüstendickschwanz, Gemeiner

Crassocaudatus communis

Wichtigste Merkmale Etwa so groß wie ein junges Ferkel. Namensgebend ist der körperlange, extrem voluminöse Schwanz. Ein weiteres Merkmal sind die halbkreisförmigen, bis zu 20 cm langen, gekrümmten Eckzähne des Oberkiefers (Hauer).

Aussehen Die zu den Beutelsäugern gehörenden Wüstendickschwänze erreichen eine Kopfrumpflänge von 80–100 cm und ein Gewicht von 10–30 kg. Ausgewachsene Männchen übertreffen für gewöhnlich die Weibchen sowohl hinsichtlich Größe als auch Gewicht. Der Körper ist stämmig gebaut, die Beine sind relativ kurz und kräftig. Die breitsohligen Füße enden in 5 Zehen mit kräftigen Grabkrallen. Der große Kopf ist breit, die Ohren sind mittellang und dreieckig. Die Augen sind relativ klein, und das Nasenfeld ist nackt. Das kurze bis mittellange Fell weist eine grau- bis schwarzbraune Färbung auf. Der etwa 80 cm lange Schwanz hat kurz hinter dem Ansatz einen maximalen Durchmesser von 28 cm und verjüngt sich zur Spitze hin nur ganz allmählich. Die riesigen Hauer sind beim Männchen etwa doppelt so groß wie beim Weibchen.

Vorkommen Wüstendickschwänze bewohnen die Wüsten und Halbwüsten Adipösiens und Translunariens. Bevorzugt werden sandige Gebiete mit Dünen.

Nahrung Pflanzenfresser, die alle Arten von Pflanzen zu sich nehmen können, auch dickblättrige und stark salzhaltige Gewächse. Ähnlich wie bei Rindern oder Hirschen gelangt die wenig zerkaute Nahrung zunächst in einen Vormagen, um dann nach dem Wiederkäuen im Hauptmagen mit Hilfe bestimmter Mikroorganismen verdaut zu werden.

Biologie Wüstendickschwänze errichten mit Hilfe ihrer scharfen Krallen einfache Wohnhöhlen, in denen sie tagsüber ruhen, um sich in der Dämmerung und nachts auf Nahrungssuche zu begeben. Verschiedene Körpereigenschaften und Anpassungen ermöglichen es dem Wüstendickschwanz, in der heißen und trockenen Wüstenlandschaft zu überleben. So können die Tiere z. B. in ihrem Magen große Wasservorräte anlegen. Die Nieren resorbieren einen Großteil der Flüssigkeit, indem sie sehr konzentrierten Urin ausscheiden. Auch dem Kot kann vor der Ausscheidung Flüssigkeit entzogen werden.
Der gewaltige Schwanz dagegen dient nicht wie lange vermutet als Wasserspeicher, sondern als Nahrungsdepot. Hier kann der Wüstendickschwanz nämlich sein gesamtes subkutanes Fett – bis zu 5 kg – speichern, sodass die Tiere zum einen über den übrigen Körper ungehindert Wärme abgeben und zum andern im Schwanz so viel Fettvorräte lagern können, dass sie bis zu 12 Wochen ohne Nahrung auskommen.

Wissenswertes Seine gewaltigen, scharfkantigen Hauer versetzen das behäbige Tier in die Lage, sich erfolgreich gegen Fressfeinde aller Art zu verteidigen. Sogar das größte Raubtier Adipösiens, der gefürchtete Beutelleopard, scheut einen Konflikt mit den wehrhaften Tieren.
Eng verwandt mit dem Wüstendickschwanz ist die deutlich kleinere Wüstendicknase *(Adipositus nasutus)*, deren Vorkommen jedoch auf Grund ihres lediglich nasalen Fettspeichers auf die Wüstenrandgebiete beschränkt ist.

Der gewaltige Schwanz dient als Nahrungsdepot.

Tagsüber ruhen die Tiere in unterirdischen Wohnhöhlen.

Armadameduse

Physalia armada

Wichtigste Merkmale Riesige, an ein Schlauchboot mit gläsernen Segeln erinnernde Qualle; mit langen Tentakeln, die an der Basis durch Querverbindungen ein Schleppnetz bilden.

Aussehen Armadamedusen können bis zu 6 m lang und 3 m breit werden. Die Tentakeln der riesigen Medusen können eine Länge von 150 m und mehr erreichen. Wie ihre Verwandten, die Staatsquallen, besteht die Armadameduse aus einer Kolonie vieler verschiedener, stark spezialisierter Einzeltiere, die völlig unterschiedliche Aufgaben zu erfüllen haben. In der Kolonie lassen sich insgesamt 7 verschiedene Polypentypen unterscheiden: Die Strukturpolypen dienen dem Aufbau von Plattform und Tentakeln, Gift-, Fleischer-, Transport- und Verdauungspolypen dienen dem Nahrungserwerb und der Verdauung, während sich die Angehörigen des 6. Polypentypus auf die Fortpflanzung spezialisiert haben. Ein weiteres charakteristisches Merkmal sind die 6 bis zu 1 m hohen und bis zu 40 cm breiten, bläulich schimmernden Gasblasen, die jeweils von einem einzigen (!) Polypen gebildet werden. Diese mit Kohlendioxid und Stickstoff gefüllten Segelblasen sorgen nicht nur für den Auftrieb, sondern sind auch für die Fortbewegung der Armadamedusen verantwortlich. Nach neueren wissenschaftlichen Erkenntnissen können die riesigen Hochseebewohner ihre »Segel« sogar dank ihres relativ komplex entwickelten neuromuskulären Systems regelrecht »in den Wind stellen«, um bei Bedarf Richtungsänderungen durchzuführen.

Vorkommen Armadamedusen sind typische Hochseebewohner, die in nahezu allen Meeren mit Ausnahme der polaren Gewässer mehr oder weniger häufig vorkommen. In Küstennähe sind die riesigen Quallen dagegen äußerst selten anzutreffen.

Nahrung Armadamedusen ernähren sich ausschließlich von Fischen mittlerer Größe. Mit ihrem gewaltigen Tentakelnetz durchkämmen die Armadamedusen regelrecht das Meer. Gerät ein Beutetier in das körpereigene Schleppnetz, wird es zunächst von den Giftpolypen durch Injektion eines tödlichen Nervengiftes getötet, danach von den sogenannten Fleischerpolypen in kleine Stücke geteilt und dann von den Transportpolypen zu den Verdauungspolypen gebracht.

Biologie Armadamedusen treten stets in Gruppen von 5–25 Tieren auf, die gemeinsam auf der Suche nach Nahrung das Meer durchkämmen. Der Medusenverband führt Richtungsänderungen stets so synchron durch, dass Wissenschaftler davon überzeugt sind, dass die Medusen miteinander kommunizieren. Wie sich diese Kommunikation im Einzelnen gestaltet, ist jedoch noch völlig unklar.

Wissenswertes Berichte, wonach auch Menschen nach Schiffsunglücken das Opfer von Armadamedusen geworden sein sollen, konnten bisher nicht bestätigt werden. Fischer in vielen Teilen der Welt betrachten Armadamedusen als ihre natürlichen »Konkurrenten« und vernichten sie mit Dynamit, wo immer sie die riesigen Quallen antreffen. Zurzeit sind daher Bestrebungen im Gange, Armadamedusen weltweit unter Schutz zu stellen.

Die Segelblasen der Armadameduse
sind für Auftrieb und Fortbewegung
verantwortlich.

Christbaumleuchtschlange

Epicrates ignava var. *noctilucans*

Wichtigste Merkmale Gentechnisch veränderte Riesenschlange, die im Dunkeln rot leuchtet.

Aussehen Christbaumleuchtschlangen können bis zu 3,10 m lang werden, messen im Durchschnitt aber nur zwischen 180 und 250 cm. Auffallend sind die schillernde rötliche bis braune Färbung und die deutliche Zeichnung aus Kringeln und Flecken. Die leuchtende Variation der Faulschlangen wurde mit Hilfe der Gentechnik erzeugt. Dazu hatte ein Team einer amerikanischen Biotec-Firma rot fluoreszierende Proteine (RFP) in das Erbgut von Faulschlangen-Hautzellen eingeschleust und dann deren Kerne in Eizellen, denen zuvor der Kern entfernt worden war, eingesetzt. Die so erhaltenen Embryonen setzten sie in die Eileiter der Spenderschlange ein. Das Ergebnis waren frisch geschlüpfte Schlangen, deren Haut, Mund und Zunge bei Bestrahlung durch UV-Licht im Dunkeln rot leuchten.

Vorkommen Christbaumleuchtschlangen kommen nicht in der freien Natur vor. Es handelt sich um gentechnisch veränderte Faulschlangen *(Epicrates ignava)*, eine zu den sogenannten Schlankboas gehörende Riesenschlangenart, die in den Tropen und Subtropen zu Hause ist, wo man sie vor allem in der Nähe von Gewässern antrifft.

Nahrung Dank ihrer extremen Bewegungsarmut kommen Christbaumleuchtschlangen mit äußerst geringen Nahrungsmengen aus. So ist es völlig ausreichend, die genügsamen Tiere einmal im Jahr mit einer Ratte oder einem Kaninchen zu füttern. Dies sollte vorzugsweise in den Sommermonaten geschehen, da vor sich hin verdauende Riesenschlangen als Weihnachtsbaumdekoration allein aus optischen Gründen nicht sonderlich ansprechend sind.

Biologie Faulschlangen sind sehr träge und bewegen sich nur sehr selten. Besonders in Gefangenschaft verharren sie oft über mehrere Wochen, ohne ihre Position zu verändern. Vor einigen Jahren nutzte dann die koreanische Firma »Animalshine« die extreme Bewegungsarmut der Schlangen und brachte gentechnisch veränderte Leucht-Faulschlangen auf den Markt, mit dem Ziel, diese sozusagen als lebende Leuchtdekoration an Reptilienliebhaber in der ganzen Welt zu verkaufen. Anfangs eher müde belächelt, entwickelten sich die Leuchtschlangen zum Verkaufsschlager: In den USA fanden die Leuchtschlangen vor allem als lebende Christbaumdekoration (Name!) reißenden Absatz. Im Augenblick schätzt man, dass es etwa 150 000 Exemplare auf dem Markt gibt, und die Tendenz zur »Christbaumleuchtschlange« ist steigend. Proteste von Tierschutzorganisationen aus der ganzen Welt, die vor allem kritisierten, dass bei der »Nutzung« der Schlangen als lebende Beleuchtung die Würde der Tiere auf der Strecke bliebe, waren bisher erfolglos.

Wissenswertes Im Augenblick können sich nur wohlbetuchte Konsumenten die Extravaganz einer Christbaumleuchtschlange leisten, da der Stückpreis zur Zeit noch bei rund 3000 US-Dollar liegt. Die amerikanische Firma »Snakeluxgentec« hat jedoch bereits angekündigt, demnächst nicht nur deutlich preiswertere, sondern auch in unterschiedlichen Farben leuchtende »Genschlangen« auf den Markt zu bringen.

Christbaumleuchtschlangen werden
mit Hilfe der Gentechnik erzeugt.

Fischzüchterrobbe

Cyanophoca piscinarius

Wichtigste Merkmale Ähnelt einem Seehund, ist aber überwiegend blau gefärbt.

Aussehen Weibchen etwa 2,50 m, Männchen bis über 3,50 m lang. Oberseite dunkelblau, unterseits weißlich bis hellblau. Die gesamte Körperoberfläche changiert in hellen und dunkleren Tönen, ähnlich wie die Lichteffekte auf sonnenbeschienenen, leicht bewegten Wasserflächen. Kopf und Flossen dunkler, bräunlich. Bauch durch den großen Fischzuchtmagen oft etwas vorgewölbt.

Vorkommen Weltweit in allen Meeren, z. B. Küstengewässer Translunariens.

Nahrung Überwiegend Fische, aber auch Krebse und anderes Meeresgetier. Eine Besonderheit ist der geteilte Magen: Der größere Abschnitt wölbt sich als ausgedehntes, mit Meerwasser gefülltes Behältnis über den gesamten Bauchraum. Dort hinein wird Fischlaich gegeben, den die Robben bei Bedarf gezielt suchen. Die im Fischzuchtmagen schlüpfenden Jungfische wachsen heran und werden mit Nahrungsresten gefüttert. Sie dienen als willkommene Zusatznahrung in Zeiten der Knappheit. Dann können einzelne Fische durch eine Art Schleusenmechanismus abgesondert und in den Verdauungsmagen überführt werden. Um einer Verschmutzung (Eutrophierung) des Wassers im Fischzuchtmagen vorzubeugen, wird täglich ein Teil des Wassers ausgetauscht.

Biologie Die Robben sind durch ihre Färbung hervorragend getarnt und können sich ihren Beutetieren unbemerkt nähern. Von oben erscheinen sie dunkel – wie das Tiefenwasser –, von unten heller – wie die Wasseroberfläche. Dennoch werden sie immer wieder Opfer von größeren Raubtieren, etwa dem Tangtiger.
Sie leben einzelgängerisch, nur zur Verpaarung finden sie sich zu Gruppen zusammen. Teil des Balzrituals ist das Überreichen eines selbst gezüchteten Fisches durch das Männchen an das Weibchen. Dieses Balzfüttern – wenn sich die Paare gefunden haben, werden meist weitere Fische abgegeben – versorgt das Weibchen mit den nötigen Reserven für die Zeit der Trächtigkeit. Man hat herausgefunden, dass diejenigen Männchen bevorzugt werden, die den größten Fisch anbieten können. Das bedeutet einen Selektionsvorteil für Männchen mit einem besonders großen Fischzuchtmagen, was letztlich auch die enorme Größe der Männchen im Vergleich zu den kleineren Weibchen erklärt. Nach einer Tragzeit von 11 Monaten wird 1 Junges an Land geboren. Säugezeit etwa 4 Wochen; das Junge geht bereits vor dem Abstillen ins Wasser und beginnt, sich von Krebsen und Fischen zu ernähren. Mit knapp 2 Monaten hat sich der Fischzuchtmagen so weit entwickelt, dass das Junge unter Anleitung der Mutter den ersten Fischlaich aufnimmt und ein selbstständiges Leben beginnt.

Wissenswertes Von der Fischzüchterrobbe sind auch etliche versteinerte Exemplare aus dem Eozän bekannt, besonders schön aus der Grube Messel, vor etwa 47 Millionen Jahren. Die Fische, die innerhalb der Skelettreste der Robbe gefunden wurden, hielt man zunächst für Beutetiere. Wissenschaftlern vom Senckenberg Forschungsinstitut in Frankfurt gelang schließlich der Nachweis, dass es sich bei den Funden um Fischzüchterrobben handelt.

Im bottichförmigen Fischzuchtmagen
der Robbe wachsen Fische heran.

Beim Balzfüttern wird ein Fisch aus dem
Fischzuchtmagen an das Weibchen überreicht.

Goldfell, »Goldhai«

Aurosirenia theobaldii

Wichtigste Merkmale Mit den Seekühen verwandtes Meerestier. 2 Brustflossen, waagerechte Schwanzflosse sowie dreieckige Rückenflosse. Auffällig ist die goldglänzende Färbung der Männchen.

Aussehen Männchen bis 3 m lang. Bemerkenswert sind die graubraunen, fransenartigen, etwa 20–30 cm langen Hautauswüchse, die um das Maul herum stehen und sich die Flanken entlang bis zum Rücken hinziehen und eine auffällige Mähne bilden. Weibchen mit 2 m Länge etwas kleiner, unauffällig graubraun gefärbt. Wurden früher für eine eigene Art gehalten. Die an einen Hai erinnernde Rückenflosse wird als Atavismus angesehen, also als ein ursprüngliches Merkmal, das einst für fischähnliche Vorfahren kennzeichnend war, später spontan wieder aufgetreten ist und sich durchsetzen konnte.

Vorkommen Lebt an den Küsten der Meere, insbesondere an der Aurantinischen und der Goldküste. Im Gegensatz zu anderen Seekühen kann das Goldfell aber auch oft weit abseits der Küsten gesichtet werden, z. B. im Glänzenden Ozean.

Nahrung Reiner Pflanzenfresser; ernährt sich von Algen, Tangen, Seegras usw.

Biologie Einmalig ist die Fähigkeit der Männchen, Gold anzureichern. Dieses ist als Chlorid-Komplex im Salzwasser der Ozeane gelöst. Über die Zotteln der Mähne können diese Gold-Chlorid-Ionen aufgenommen werden, und das Gold wird dann durch Reduktion abgeschieden, ein Prozess, der prinzipiell dem Verfahren ähnelt, mit dem in den 1920er-Jahren der Nobelpreisträger Fritz Haber Gold aus dem Meerwasser gewinnen wollte. Im Verlauf mehrerer Jahre gelingt es dem Männchen, etliche Gramm Gold zu sammeln. Diese gelangen dann über den Blutkreislauf bis in das Haarkleid. Je goldener ein Männchen glänzt, desto attraktiver ist es für das Weibchen. Dabei kommt der Rückenflosse eine besondere Bedeutung zu: Die Männchen schwimmen im Zickzackkurs an der Wasseroberfläche im Sonnenlicht. Dabei blitzt die Rückenflosse auf, was die Weibchen aus großer Entfernung anlockt. Diese springen sogar aus dem Wasser, um die Blinksignale besser wahrzunehmen. Ob die »Haifischflosse« auch dazu dient, Fressfeinde wie den Seetiger abzuschrecken, ist noch nicht eindeutig geklärt.

Wissenswertes Die scheuen Tiere werden seit dem Altertum gejagt. Das Fleisch diente der Ernährung, das Fell wurde verbrannt und dann aus der Asche das Gold abgeschieden. Das legendäre Gold der Inkas stammt z. B. aus den Fellen einer inzwischen ausgestorbenen Goldfell-Unterart aus dem Amazonas-Gebiet. Auch der in der Bibel beschriebene »Tanz ums goldene Kalb« ist nach neueren Erkenntnissen auf ein erbeutetes Goldfell zurückzuführen. Die Seefahrer früherer Jahrhunderte glaubten, einen Hai vor sich zu haben, wenn sie die dreieckige Flosse eines Goldfell-Männchens in der Sonne glitzern sahen. Daher der alte Name »Goldhai«.
Die Tiere leiden heute sehr unter der Umweltverschmutzung. Die vielen Öl- und Teerrückstände auf den Meeren verkleben ihre empfindlichen Filtermähnen und machen aus den prächtigen Männchen traurige verklebte »Schmuddelfelle«. Sind sie zu sehr verschmutzt, gehen sie jämmerlich ein.

Mit dem Zottelsaum am Körper
können die Männchen Gold aus
dem Meerwasser herausfiltern.

Die graubraunen Weibchen springen aus
dem Wasser, um die Männchen besser in der
Ferne zu sichten.

Grundschwan

Cygnus submergus

Wichtigste Merkmale Großer Schwan mit blauem Gefieder, von dem, wenn er sich im Wasser befindet, meist nur Hals und Kopf zu sehen sind.

Aussehen Mit einer Körperlänge von 190 cm und einem Gewicht von bis zu 18 kg gehören Grundschwäne zu den größten Wasservögeln der Tropen und zu den schwersten flugfähigen Vögeln überhaupt. Grundschwäne besitzen ein einheitlich leuchtend blaues Gefieder. Kennzeichnend ist der dunkelrot gefärbte Schnabel mit weißer Spitze und Basis. Die Beine sind schwarz gefärbt.

Vorkommen Grundschwäne sind in den Tropen und Subtropen weit verbreitet. Dort besiedeln sie die Uferzonen von Seen, Teichen bzw. langsam fließenden Flüssen. Im Unterschied zu vielen anderen Wasservögeln und auch zu den anderen Schwanenarten ist der Grundschwan kein Zugvogel. Er ist äußerst ortstreu und hält sich sein ganzes Leben lang in der Region auf, in der er aufgewachsen ist.

Nahrung Grundschwäne ernähren sich hauptsächlich von den Grünteilen, Samen und Rhizomen vieler Wasserpflanzen, die die Tiere mit ihrem scharfen Schnabel oft regelrecht abweiden. Ihren Eiweißbedarf decken die Wasservögel durch den Verzehr wenig mobiler Wassertiere wie z. B. Muscheln, Schnecken oder Krebstiere.

Biologie Grundschwäne halten sich, wie bereits ihr Name verrät, bevorzugt auf dem Grund eines Gewässers auf, wo sie längere Strecken hin und her wandern und dabei den Pflanzenbewuchs regelrecht abweiden. Nur der Kopf wird zum Luftholen über die Wasseroberfläche gehoben. Die Halslänge bestimmt hierbei die maximal mögliche Wassertiefe. Den Aufenthalt auf dem Boden eines Gewässers ermöglichen mehrere Anpassungen: Im Gegensatz zu vielen anderen Wasservögeln ist das Gefieder der Grundschwäne nicht Wasser abweisend, da es zum einen nicht eingefettet ist (eine fettliefernde Bürzeldrüse fehlt), und zum anderen nehmen die Federn selbst dank ihrer speziellen Struktur größere Mengen Wasser auf, was den Auftrieb unter Wasser stark verringert.
Zusätzlich erhöhen Grundschwäne ihr spezifisches Gewicht, indem sie Steine mittlerer Größe fressen und dann in ihrem Magen ablagern. Allerdings werden die Steine von der aggressiven Magensäure stark angegriffen. So weiß man, dass z. B. Kalksteine im Schwanenmagen bereits nach 1 Tag die Hälfte ihrer Masse einbüßen, sodass die Tiere gezwungen sind, täglich etwa 500 g Steine zu verschlucken, um einen unerwünschten Auftrieb zu verhindern. In einigen Gebieten sind Grundschwäne in jüngerer Zeit dazu übergegangen, an Stelle der Steine »schweren« Zivilisationsmüll wie z. B. große Eisenschrauben als Ballast zu verwenden. Nach ihren oft mehrere Stunden andauernden Tauchgängen müssen die Schwäne ihre Federn an Land in der Sonne trocknen lassen, um wieder flugfähig zu werden. Dazu breiten sie an speziellen Ruheplätzen ihre Flügel aus und bleiben stundenlang regungslos sitzen, bis die nassen Gefiederteile wieder vollständig trocken sind.

Wissenswertes Anders als z. B. Höckerschwäne, die auf Lebenszeit streng monogam leben, wechseln Grundschwäne ihre Partner nach der Brutsaison. Grundschwäne können bis zu 25 Jahre alt werden.

Grundschwäne gehören zu den größten Wasservögeln der Tropen.

Hackgräber

Equusus foderus

Wichtigste Merkmale Etwas mehr als wildschweingroßer Allesfresser. Langer Hals; Oberkiefer zu einer Knochenplatte vergrößert, mit 4 kräftigen Haken (die sog. Grabhacke).

Aussehen Hackgräber haben ein in hellen und dunklen Brauntönen gewölktes Fell. Der Kopf ist kräftig und besitzt eine an eine Gartenhacke erinnernde Knochenplatte. Große runde Augen, spitze Ohren, kurze Mähne sowie charakteristischer Backenbart. Besonders auffällig ist der lange Hals, der es erlaubt, den Kopf kräftig auf und ab zu schwingen.

Vorkommen Typische Waldtiere, die aber auch in Baumsavannen vordringen. Durch ihr wolkenartig schattiertes Fell sind sie in den Wäldern mit ihrem Wechselspiel aus Licht und Schatten hervorragend getarnt. Besiedeln alle Kontinente mit Wäldern, allerdings nicht so häufig in reinen Nadelwäldern; Hauptvorkommen in Buddeldonien, Grablanden und Wühlgernien.

Nahrung Hackgräber ernähren sich von allem Verwertbaren, das sie beim Buddeln im Waldboden finden, seien es Würmer, Insekten und deren Larven oder Pflanzenteile wie Wurzeln oder Knollen. Zum Wühlen setzen sie ihren hackenartigen Oberkiefer ein, der durch Ausholen mit dem langen Hals kräftig in den Boden gerammt wird. Die Augen werden beim Graben durch ein durchsichtiges drittes Augenlid vor herumspritzenden Partikeln geschützt. Durch seine wesentlich effizientere Grabweise verdrängt der Hackgräber in vielen Wäldern die dort ebenfalls verbreiteten Wildschweine.

Biologie Die Grabhacke wird nicht nur zum Nahrungserwerb eingesetzt. Sie leistet auch hervorragende Dienste bei der gegenseitigen Fellpflege und ist ein wichtiges Instrument bei der jährlichen Balz. Diese findet im Oktober/November statt. Die männlichen Hackgräber imponieren und kämpfen um die Gunst der Weibchen, wobei durchaus auch die Grabhacke als Waffe eingesetzt wird. Der Sieger lässt sich mit dem Weibchen auf ein tänzelndes Paarungsspiel ein. Die Begattung kann erst vollzogen werden, nachdem das Männchen dem Weibchen mit der Grabhacke mehrfach sanft über die Flanken gestrichen hat.
Zur Wurfzeit im April/Mai bereitet das Weibchen mit seiner Grabhacke eine flach ausgehobene und geglättete Wurfgrube vor. Dort bleiben die 2–3 Jungen für nahezu 2 Wochen, folgen danach der Mutter und werden etwa 3 Monate gesäugt. Erst anschließend wächst ihr Oberkiefer zu dem markanten Werkzeug heran. Bis sie voll ausgewachsen sind, ernähren sich die Jungtiere von Beeren, Früchten am Waldboden und allerlei Kleingetier. Mit dem Größerwerden der Grabhacke erhöht sich dann der Anteil an ausgegrabener Nahrung. Zu den Feinden des friedlichen Hackgräbers zählt in Gebieten gemeinsamen Vorkommens auch der Lassofant.

Wissenswertes Hackgräber zeichnen sich durch eine Besonderheit aus: Bei nahezu allen Säugetieren beträgt die Zahl der Halswirbel 7 (selbst bei der langhalsigen Giraffe, Abweichungen sind aber z. B. von den Faultieren bekannt). Hackgräber dagegen besitzen 12 Halswirbel. Dieses Merkmal ermöglicht ein stärkeres Verkrümmen des Halses beim Einsatz der Grabhacke.

Die Grabhacke ist ein hervorragendes Werkzeug, um den Boden nach allerlei Nahrung zu durchwühlen.

Lassofant, Gefleckter

Loxodonta johnwayni

Wichtigste Merkmale Etwa löwengroßer, schwarz-ocker gefleckter Elefant. Der extrem lange Rüssel der Tiere dient ähnlich wie ein Lasso dem Beutefang.

Aussehen Lassofanten haben ein kurzes, ockerfarbenes Fell mit schwarzen Flecken. Das Fleckenmuster kann jedoch je nach Region große Unterschiede aufweisen. Weibliche Lassofanten erreichen eine Körperlänge von bis zu 250 cm, eine Schulterhöhe von etwa 130 cm, bei einem Körpergewicht von bis zu 300 kg. Die Männchen sind mit 180 cm Kopfrumpflänge, einer Schulterhöhe von 100 cm und einem Körpergewicht von rund 150 kg deutlich kleiner. Der Rüssel ist zu einem mehr als das 5-Fache der Körperlänge messenden seilartigem Lasso umgewandelt. In Ruhe wird das Lasso in einer speziellen Hautfalte im Maul aufgewickelt. Der sehr dünne Schwanz ist rund 60 cm lang. Die Oberkieferschneidezähne sind zu bis zu 40 cm langen Hauern umgewandelt.

Vorkommen Lassofanten sind auf dem Westernkontinent weit verbreitet, wenn auch nicht häufig. Das bevorzugte Habitat ist die Savanne, doch vereinzelt findet man die Tiere auch in Trockenwäldern oder Halbwüsten. Der Verbreitungsschwerpunkt liegt in Djangonien. Mit geschätzten 500 000 Tieren sind rund 95 % aller frei lebenden Lassofanten auf dem Territorium dieses Landes zu Hause.

Nahrung Im Gegensatz zu seinen Verwandten, dem Afrikanischen und dem Indischen Elefanten, bei denen es sich um reine Pflanzenfresser handelt, leben Lassofanten nahezu ausschließlich räuberisch. Zu ihren Beutetieren gehören vor allem Stetsonantilopen und Coltgazellen, aber auch die riesigen Bonanzabüffel. Da Lassofanten weder schnelle noch ausdauernde Läufer sind, sind die Tiere gezwungen in Gruppen zu jagen. Dabei scheuchen 3 bis 4 Lassofanten das Opfer auf, separieren es von der Herde und treiben es auf den Rest des Lassofantenrudels zu, das dank seines ocker-schwarzen Fells gut getarnt im hohen Gras lauert. Kommt dann ein Beutetier in Reichweite eines der im Hinterhalt liegenden Lassofanten, wickelt dieser mit einer blitzartigen Schleuderbewegung seinen Lassorüssel um ein Hinterbein seines Opfers und reißt es mit einer heftigen Kopfbewegung zu Boden. Anschließend schlitzt der Lassofant dem hilflosen Opfer mit seinen rasiermesserscharfen Stoßhauern die Halsschlagader auf, sodass es in wenigen Minuten verblutet. Die Beute wird dann mit noch ausgerolltem Lasso verschlungen.

Biologie Lassofanten leben in Rudeln von bis zu 30 Tieren. Im Rudel selbst herrscht das Matriarchat: So ist es stets ein dominantes Weibchen, das den Clan anführt. Männliche Tiere spielen im Rudel nur eine untergeordnete Rolle, denn in der strengen Gruppenhierarchie steht selbst das ranghöchste Männchen noch unter dem rangniedrigsten Weibchen. Das Revier eines Lassofantenrudels kann bis zu 200 km^2 umfassen. Die Reviergrenzen markieren die Tiere mit Kot bzw. Urin.

Wissenswertes In Zoos werden Lassofanten heute kaum noch gehalten, weil es trotz strengster Sicherheitsmaßnahmen immer wieder zu tödlichen Angriffen auf Wärter und Besucher gekommen ist.

In Ruhe wird das Lasso in einer Hautfalte im Maul aufgewickelt.

Die Länge des Lasso-Rüssels kann das 5-Fache der Körperlänge betragen.

Linksrumgämse

Circulocapra sinistra

Wichtigste Merkmale Die Beine auf der rechten (dem Tal zugewandten) Körperseite sind etwa 15 cm länger als diejenigen der linken Seite. Das Gehörn ist in viele Arme zerteilt, die jeweils in einem kleinen Haken enden.

Aussehen Mit einer Schulterhöhe von 80 cm etwa so groß wie eine Gämse. Durch die ungleich langen Beine hervorragend an das Laufen an steilen Berghängen angepasst, und zwar immer so, dass die langen rechten Beine zum Tal gerichtet sind. Geht deshalb stets links herum, der Bergflanke folgend (Name!). Färbung in Brauntönen; die dem Berg zugewandte linke Seite ist dunkler als die rechte gegen das Tal gerichtete. Auf der Mitte der Rückenlinie ein am Nacken beginnender Kamm aus langen Borsten. Langer, etwas buschiger Schwanz. Die Männchen haben im Gehörn einen besonders großen und kräftigen Haken ausgebildet.

Vorkommen Kommt ausschließlich im Hochgebirge vor, dort allerdings in allen Lebensräumen, vom Bergwald über die Hochstaudenfluren und Matten bis hin zu ausgesprochenen Felsregionen. Dreht dort unaufhörlich Linksrumkreise am Berghang, kann aber auch über Pässe und Sättel in andere Bergregionen überwechseln. Hauptvorkommen in den Kreiselalpen, den Zirkuläranden und im Rounding-Himalaya.

Nahrung Gräser und Früchte. Beerensträucher werden mit dem Gehörn durchkämmt: Die Zweiglein werden so durch die Haken gezogen, dass die Früchte dabei abgestreift werden. Die Beeren werden dann vom Boden aufgenommen.

Biologie Die Tiere können gerade noch auf ebener Erde – etwas schief – gehen, aber nicht an einem Berghang, der zur anderen Seite geneigt ist. Werden sie von einem Räuber verfolgt, sind sie ihm in Bezug auf Fluchtgeschwindigkeit weit überlegen. Ein Problem ist es, wenn der Räuber von vorn kommt, da eine Linksrumgämse am Berghang nämlich nicht wenden kann. Manche Wölfe nutzen das schamlos aus. Deshalb sind diese sonderbaren Tiere in vielen Regionen selten geworden.
Zur Brunft machen die Weibchen durch ihren Geruch auf sich aufmerksam. Sie warten auf einer ebenen Arena auf die Männchen. Treffen 2 Böcke gleichzeitig ein, kämpfen sie um das Weibchen. Dabei drücken sie sich nicht, wie bei Horn- und Geweihträgern üblich, gegenseitig weg. Sie verhaken sich mit dem größten Haken ihres Gehörns und versuchen sich gegenseitig wegzuziehen, ähnlich wie beim Fingerhakeln. Der Bock, der seinen Gegner 2 Körperlängen weit wegziehen kann, hat gewonnen. Es soll schon vorgekommen sein, dass der Stärkere sich rückwärts zu sehr einem Abgrund genähert hat und abgestürzt ist, seinen eingehakten Gegner mit sich reißend. Nach einer Tragzeit von 6 Monaten wirft die Gams meist 1 Junges. Es folgt sofort der Mutter und wird etwa 6 Monate gesäugt.

Wissenswertes Natürlich gibt es auch **Rechtsrumgämsen** (*Circulocapra dextera*). Bei ihnen sind die linken Beine länger, und sie umrunden den Berg rechts herum. Manchmal kommt es vor, dass sich beide Arten verpaaren. Die Nachkommen haben dann 4 gleich lange Beine, sind aber unfruchtbar. Beerensammler fordern den Abschuss dieser Gämsen, weil sie um ihren Ertrag fürchten. Allerdings stehen die kuriosen Tiere unter strengem Schutz.

Kennzeichen der Männchen ist der besonders kräftige Haken im Gehörn.

Mit den vielen kleinen Haken können Beeren von den Sträuchern abgestreift werden.

Löse

Castor leoninus

Wichtigste Merkmale Nagetier, das, sieht man von den riesigen, leuchtend weißen Nagezähnen ab, sowohl hinsichtlich Größe als auch äußerlicher Merkmale exakt wie ein männlicher Löwe aussieht.

Aussehen Der Löse ist das größte Nagetier der Welt. Das Männchen hat eine Kopfrumpflänge von 180–260 cm und eine Schulterhöhe von etwa 120 cm bei einem durchschnittlichen Körpergewicht von 225 kg. Das kurze Fell ist sandfarben bis ockergelb gefärbt. Auffällig ist die dunkle Mähne, die sich von den Wangen bis über die Schultern ausbreitet. Die Weibchen tragen ebenfalls eine Mähne und sind nur unwesentlich kleiner und leichter als die Männchen. Die kräftigen Nagezähne können bis zu 10 cm lang werden.

Vorkommen Der Löse ist, wenn auch nicht häufig, auf allen Südkontinenten zu Hause. Dort ist sein Verbreitungsschwerpunkt der tropische Regenwald, doch mitunter sind die gewaltigen Nager auch in baumbestandenem Buschwald und in seltenen Fällen auch in Halbwüsten anzutreffen.

Nahrung Lösen sind streng herbivore Tiere, das heißt, sie ernähren sich ausschließlich von pflanzlicher Nahrung. Hauptnahrungsquelle des riesigen Nagers ist der Marozibaum (*Adansonia nemeica*). Im Frühling und Sommer ernähren sich die Lösen von Blättern und Früchten dieses sehr häufig vorkommenden Baumes, im Winter verzehren die Tiere dagegen die Rinde des Baumes, die sie dank ihrer großen Nagezähne sowie ihrer gewaltigen Bisskraft mühelos ablösen können. In Halbwüsten ernähren sich Lösen dagegen meist von Kakteen und anderen Sukkulenten. Durch den äußerst hohen Anteil schwerverdaulicher Substrate in ihrer Nahrung müssen Lösen täglich mehr als 30 % ihres eigenen Körpergewichtes an Pflanzenmaterial aufnehmen, um ihr Gewicht zu halten. Die Nahrung selbst wird in einem Vormagen durch Mikroorganismen aufgeschlossen und erst durch diesen Prozess als Energiequelle für das Tier verfügbar.

Biologie Der Löse ist ein klassisches Beispiel für die bekannteste Form der Mimikry, die sogenannte Bates'sche Mimikry, bei der eigentlich harmlose Tiere zur Täuschung von Feinden ein besonders wehrhaftes Tier imitieren. Die Nachahmung eines Löwen durch den Lösen ist nahezu perfekt, da der harmlose Pflanzenfresser sowohl was Größe als auch Aussehen betrifft sehr detailliert dem gefürchteten Raubtier gleicht. Um die Tarnung perfekt zu machen, haben Lösen auch ihr Verhalten angepasst: Lösen imitieren nämlich in regelmäßigen Abständen das Gebrüll eines männlichen Löwen, und Wissenschaftler haben sogar wiederholt Scheinangriffe auf Antilopen und Gazellen beobachtet, die der Umgebung des Lösen das Bild eines mächtigen Löwen vorgaukeln sollen. Selbst ein geübter Betrachter kann einen Lösen nur anhand der gewaltigen Nagezähne von einem Löwen unterscheiden. Allerdings bedecken Lösen, wann immer das möglich ist, zur Aufrechterhaltung ihrer Tarnung die verräterischen Nagezähne mit ihrer langen dehnbaren Oberlippe.

Wissenswertes Bedingt durch seine perfekte Schutztracht, wurde der Löse erst vor wenigen Jahren als »Nicht-Löwe« identifiziert und als eigenständige Art wissenschaftlich beschrieben.

Nur seine leuchtend weißen
Nagezähne unterscheiden den
Lösen von einem Löwen.

Riesenstrudulin

Aptenodytes mysticetus

Wichtigste Merkmale Riesiger, schwarz-weiß gefärbter Pinguin. Seine Größe, der zu einer Planktonreuse umgebildete Schnabel sowie seine waagrechte Schwanzflosse machen diesen gewaltigen Meeresvogel unverwechselbar.

Aussehen Mit einer Größe von bis zu 6 m und einem Gewicht von bis zu 4,5 Tonnen sind Riesenstruduline die mit Abstand größten Vögel überhaupt. Das sehr dichte Federkleid ist im Rückenbereich schwarzblau und im Bauchbereich weiß gefärbt. Mit seinem stromlinienförmigen Körper, den zu schmalen, aber kräftigen Flossen umgestalteten Flügeln sowie der beeindruckenden waagrechten Schwanzflosse, zu der Füße und Schwanz des großen Pinguins verwachsen sind, ist der Riesenstrudulin hervorragend an das Leben im Meer angepasst. Der Schnabel hat sich zu einem riesigen Planktonsieb entwickelt, das aus einem feinen Geflecht von Hornplatten besteht.

Vorkommen Der Riesenstrudulin ist fast ausschließlich in den Meeren der Südhalbkugel anzutreffen, wobei er im Jahresverlauf zwischen den hohen und niedrigen Breiten wandert. So verbringt er den Winter in seinen Fortpflanzungsgebieten, den subtropischen Meeren, während er im Sommer in die polaren Gewässer zieht, die ihm dann reichlich Nahrung bieten. Als typischer Hochseebewohner ist der Riesenstrudulin nur äußerst selten in Küstennähe zu beobachten.

Nahrung Der Riesenstrudulin ernährt sich ausschließlich von Plankton, das der gigantische Vogel mit Hilfe seines Reusenschnabels aus dem Wasser filtert. Zur Nahrungsaufnahme schwimmt er mit hoher Geschwindigkeit in einen Krillschwarm hinein. Dabei verfangen sich zahlreiche der kleinen Krebse im Hornplattensieb des weit geöffneten Reusenschnabels. Der Krill wird dann mit der Zunge abgestreift. Diese ist mit zahlreichen Keratinplättchen besetzt, die ähnlich wie Widerhaken die Beutetiere festhalten. Gefressen wird fast ausschließlich in den Sommermonaten, im Winter zehren die Vögel von ihren Fettreserven.

Biologie Riesenstruduline leben in Gruppen, die stets von einem älteren Weibchen angeführt werden. Weltweit sind Riesenstruduline die einzigen lebendgebärenden Vögel. Die Jungen schlüpfen in voll ausgereiftem Zustand und sind sofort in jeder Hinsicht alleine lebensfähig. Durch diese Anpassung müssen die Riesenstruduline nicht wie die übrigen Pinguine zu Fortpflanzung und Brutgeschäft an Land gehen und können ihr ganzes Leben im Meer verbringen.

Wissenswertes Der einzige natürliche Feind des Riesenstrudulins ist der Tangtiger (S. 104), der allerdings nur dann in der Lage ist, ein ausgewachsenes Exemplar der riesigen Meeresvögel zu überwältigen, wenn er in der Gruppe angreift. Nach neueren Untersuchungen können Riesenstruduline ein Alter von mehr als 70 Jahren erreichen. Interessanterweise hat der nur weitläufig mit dem Riesenstrudulin verwandte flugfähige Zwergstrudulin *(Spheniscus aviculatus)* ebenfalls seinen Schnabel zu einer Reuse umgebildet. Der kleine Pinguin, der in den Subtropen zu Hause ist, nutzt den Reusenschnabel allerdings zum Fang von Insekten.

Der Riesenstrudulin ernährt sich ausschließlich von Plankton.

Riffschwein

Aplysia sus

Wichtigste Merkmale Diese riesigen Meeresschnecken von der Größe einer jungen Seekuh ähneln von der Gestalt her einem Kugelfisch und zeichnen sich durch ihre leuchtend rote Färbung sowie ihre langen silbrigen Hinterleibstentakeln aus.

Aussehen Die zu der Ordnung der Hinterkiemerschnecken gehörenden Riffschweine können bis zu 1,8 m lang werden und zählen damit zu den größten Schnecken überhaupt. Im Gegensatz zum übrigen Körper ist die Kopfregion blassrot bis rosa gefärbt. Am Kopf selbst sitzen 2 Paar etwa 20 cm lange Tentakeln, wobei sich an den Spitzen des oberen Paares (Augententakeln) leistungsstarke Linsenaugen befinden, während das untere Paar (Mundtentakeln) zur Nahrungsaufnahme dient. Die vorderen Körpertentakeln sind zu gewaltigen Seitenflossen ausgebildet, mit denen sich die Riffschweine durch sanfte Ruderschlagbewegungen schwimmend fortbewegen können. Die bis zu 2 m langen, an die Federn eines Fasans erinnernden hinteren Tentakeln sind dagegen mit büschelförmigen, silbrigen Kiemen versehen und dienen der Atmung. Das Gehäuse der großen Meeresnacktschnecken ist stark zurückgebildet und liegt als winziges Rudiment im Körperinneren.

Vorkommen Bewohnt die flachen Küstengewässer der südlichen Hemisphäre. Besonders häufig sind die riesigen Meeresschnecken an den Riffen und Atollen der Inselwelt Gastropodiens anzutreffen.

Nahrung Riffschweine sind reine Pflanzenfresser, die sich von verschiedenen Algenarten ernähren, wobei Rotalgen den überwiegenden Teil der Nahrung ausmachen. Der Verzehr dieser Algen ist auch für die charakteristische rote Farbe der Tiere verantwortlich. Der Meeresboden wird durch die Schnecken regelrecht abgeweidet.

Biologie Riffschweine sind sogenannte Hermaphroditen, das heißt, sie besitzen männliche und weibliche Geschlechtsorgane. Bei den komplizierten, oft über 3 Tage andauernden ritualisierten Balztänzen der gigantischen Nacktschnecken, die meist im Frühjahr in unmittelbarer Küstennähe durchgeführt werden, geht es in erster Linie darum, festzulegen, welcher der Sexualpartner beim Fortpflanzungsakt den männlichen und welcher den weiblichen Part übernimmt.
Nach der Befruchtung werden die bis zu 1000 Eier in langen Schnüren auf dem Meeresboden abgelegt. Nach 6 Monaten schlüpfen dann die etwa 3 cm langen, bewimperten Larven, die sich nach weiteren 4 Monaten zu erwachsenen Riffschweinen entwickeln.

Wissenswertes Riffschweine sind in der Lage, bei Bedrohung durch Fressfeinde wie etwa Haie oder Delfine zur Abwehr eine gelblich-milchige, hochtoxische Tinte auszustoßen, deren Giftstoffe, die sogenannten Chlorotoxine, sie aus den gefressenen Grünalgen gewinnen.
In vielen Ländern besteht eine große Nachfrage hinsichtlich der getrockneten Schwanztentakeln der Riffschweine, die dort in der traditionellen Medizin zur Behandlung der verschiedensten Krankheiten Verwendung finden. Trotz vielerorts intensiver Bejagung sind Riffschweine noch weit verbreitet und zählen daher nicht zu den bedrohten Arten.

Die hinteren Tentakeln sind mit
Kiemen versehen.

Saugrüssler, Rundnasiger

Nasorhinus rotundus

Wichtigste Merkmale Etwa so groß wie ein Wildschwein; Nase zu einem langen Rüssel verlängert, mit dem die Nahrung aufgesaugt wird.

Aussehen Der Saugrüssler wird etwa 1,5 m lang (ohne Rüssel) und 70 cm groß. Körper massig und plump; Beine im Verhältnis eher kurz. Der Kopf setzt breit am Körper an und verjüngt sich zum Rüssel hin. Die breit-dreieckigen Ohren sind wie der ganze Körper dicht borstig behaart. Am auffälligsten ist zweifellos der etwa körperlange, bis zur Spitze hin runde Rüssel. Mund klein und rudimentär, Kiefer zahnlos. Der mittellange, grob borstige Schwanz verdeckt einen »doppelten Anus«.

Vorkommen Verbreitung auf den Kleinkontinent Blasurien beschränkt. Hauptvorkommen in den ausgedehnten, fast den gesamten Kontinent durchziehenden Tälern der Winde. Bevorzugt Lebensräume mit mehr (Wälder) oder weniger (Savannen) dichtem Baumbestand.

Nahrung Mit seinem langen Rüssel sucht der Saugrüssler ständig tastend die Umgebung ab. Hat er einen Käfer, eine Schnecke, Spinne, Insektenlarve oder sonstiges Kleingetier entdeckt, wird dieses sogleich eingesaugt. Der Rüssel entfaltet dabei eine beachtliche Saugleistung. Dafür sorgen leistungsfähige muskulöse Strukturen. Die Nahrung wird durch einen reusenartigen Mechanismus dem Luftstrom entzogen und dem Magen zugeführt. Der Luftstrom selbst wird durch ein lungenähnliches Organ, das auch dem Gasaustausch dient, zum Körperende geleitet, wo die Luft durch eine spezielle Öffnung über dem After austritt. Dieser stets in die gleiche Richtung führende Luftstrom macht das System so effizient. Um zu gewährleisten, dass stets nur Nahrungspartikel aufgenommen werden, ist die Rüsselspitze reichlich mit Tast- und Geruchsrezeptoren ausgestattet.

Biologie Obwohl von den Bewegungen her eher behäbig, macht der überaus bewegliche und agile Rüssel diesen Nachteil mehr als wett. Saugrüssler sind fast die gesamte Zeit ihrer Wachphasen auf Nahrungssuche. Dabei machen sie häufig durch charakteristische schnarchend-pfeifende Geräusche, die durch den Luftstrom erzeugt werden, auf sich aufmerksam. Bei starker Saugtätigkeit wird der Schwanz durch die austretende Luft in eine waagerechte Stellung gebracht. Partnersuche und Paarung sind eher unspektakulär. Nach einer Tragzeit von 4–5 Monaten kommen etwa 3–5 Junge zur Welt. Diese saugen die Muttermilch noch mit dem kleinen Maul, das dann in der folgenden Entwicklung aber nicht weiter wächst.

Wissenswertes Neben dem Rundnasigen Saugrüssler gibt es noch andere Vertreter dieser interessanten Gattung. Der Rüssel des **Schlitznasigen Saugrüsslers** *(N. lanceolata)* ist zur Spitze hin schlitzartig zusammengedrückt. So kann die Art mit ihrem Rüssel in enge Spalten und Ritze eindringen, um dort Nahrung zu suchen. Beim **Bürstennasigen Saugrüssler** *(N. ciliiformis)* wiederum ist die Rüsselspitze abgeflacht und von zahlreichen Borsten umstanden. Mit diesem Werkzeug können kleine Nahrungstiere wie z. B. Ameisen zusammengefegt und aufgenommen werden. Alle Versuche, diese ungewöhnlichen Arten im Haushalt als eine Art Staubsauger einzusetzen, sind bisher fehlgeschlagen. Die Tiere weigern sich, Schmutz aufzunehmen.

Beim kräftigen Saugen spreizt der Schwanz waagerecht ab.

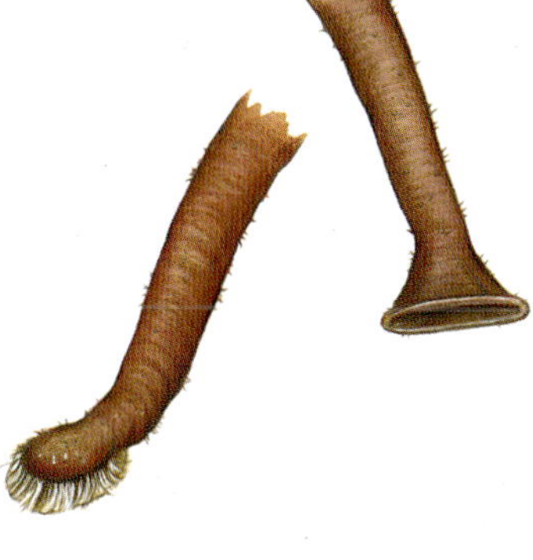

An der Rüsselspitze kann man die Arten leicht unterscheiden: links der Bürstennasige, rechts der Schlitznasige Saugrüssler.

Schaufelgeweihsegler

Alces volans

Wichtigste Merkmale Etwa rehgroßer Elch, der durch sein riesiges, an Flugzeugtragflächen erinnerndes Geweih gekennzeichnet ist.

Aussehen Schaufelgeweihsegler haben eine Kopfrumpflänge von bis zu 1,40 m und erreichen eine Schulterhöhe zwischen 60 und 90 cm. Ausgewachsene männliche Tiere haben ein Durchschnittsgewicht von rund 35 kg. Das Fell ist im Sommer kräftig rotbraun, im Winter graubraun oder dunkelbraun. Das Geweih der männlichen Tiere besteht aus breiten flächigen, waagrecht angeordneten Schaufeln, die durch lederartige Häute miteinander verbunden sind. Geweihspannweiten von deutlich mehr als 3 m sind keine Seltenheit. Weibliche Schaufelgeweihsegler besitzen kein Geweih und sind etwa 20 % kleiner als die Männchen.

Vorkommen Früher waren die Schaufelgeweihsegler auf zahlreichen Inseln des Richthofen-Archipels weit verbreitet, sind jedoch durch verwilderte Kampfleguane an den Rand der Ausrottung gebracht worden. Heute findet man Schaufelgeweihsegler nur noch auf der im Südwesten der Bleriotsee gelegenen Großen Lilienthalinsel, wo die Tiere keine natürlichen Feinde haben und unter strengem Schutz stehen.

Nahrung Schaufelgeweihsegler sind reine Pflanzenfresser und ernähren sich von Blättern, Trieben, Gräsern, Kräutern, Pilzen und Beeren.

Biologie Zur Paarungszeit im Herbst findet am Mount Lindbergh, der höchsten Erhebung der Insel, ein beeindruckendes Schauspiel statt: Die männlichen Schaufelgeweihsegler erklimmen in einem körperlich äußerst fordernden Aufstieg den flachen Gipfel des über 1500 m hohen Berges und gleiten anschließend mit Hilfe ihres tragflächenartigen Geweihs im Segelflug wieder hinab. Dazu laufen die Tiere mit hoher Geschwindigkeit den Berghang hinab und beschleunigen so lange, bis sie ihr Schaufelgeweih trägt und sie vom Boden abheben. Beim Gleitflug werden die Vorderbeine angezogen, während die weit abgespreizten Hinterbeine zur Flugstabilisation dienen. Gesteuert wird mit dem Kopf.
Meist fliegen die Schaufelgeweihsegler in großen Fluggruppen in langsamen Zickzack- und Kurvenflügen wild durcheinander, wobei Wind und Auftrieb durch die Luftmassen für die Flugdauer eine große Rolle spielen. Bei guten Bedingungen sind jedoch Flugzeiten von über 40 Minuten keine Seltenheit. Während des Gleitfluges stoßen die Männchen gutturale Laute aus, um die am Boden der sogenannten Flugarena versammelten Weibchen auf ihre Flugkünste aufmerksam zu machen, denn beim alljährlichen Gleitfliegen der Schaufelgeweihsegler handelt es sich um ein wichtiges Paarfindungsritual, da sich die Weibchen meist nur mit den besten »Fliegern« paaren. Schlechte Gleiter gehen dagegen leer aus.
Bei der Landung kommt es immer wieder zu schweren Verletzungen oder gar Todesfällen. Die Männchen werden im Übrigen erst 3 Jahre nach Erreichen der Geschlechtsreife, in der Regel im 12. Lebensjahr, »flugfähig«.

Wissenswertes Im Jahr 2008 wurde der Schaufelgeweihsegler von der renommierten Zeitschrift »Worldzoology« zum »Welttier des Jahres« ernannt.

Beim Gleitflug werden die Vorderbeine angezogen.

Tangtiger

Macrocystiphilus tigris

Wichtigste Merkmale Aufgrund ihrer Größe und der an einen Tiger erinnernden schwarzen Streifen ist diese Robbe unverwechselbar.

Aussehen Ein männlicher Tangtiger kann bis zu 6 m lang und 700 kg schwer werden. Weibliche Tangtiger sind dagegen deutlich kleiner. Namensgebend ist das blaugrüne Fell mit den schwarzen Querstreifen. Der Körper ist torpedoförmig. Der abgeflachte, katzenartige Kopf ist im Gegensatz zu anderen Robbenarten deutlich vom Rest des Körpers abgesetzt. Die stark verlängerten Vorderflossen tragen an der Innenseite jeweils bis zu 25 cm lange, sichelförmige Krallen.

Vorkommen Lebt bevorzugt an den Küsten der südlichen Hemisphäre, wobei er besonders häufig in den riesigen Tangwäldern der flachen Gewässer Pinnipediens anzutreffen ist. Aber auch an den Küsten Translunariens wird er immer wieder gesichtet.

Nahrung Die meisten Tangtiger jagen kleinere Robben wie Seeschakale oder Meerfüchse. Südlich lebende Arten haben sich dagegen auf die Riffschweinjagd (S. 98) spezialisiert. Tangtiger sind sogenannte Ansitzjäger, die durch das gestreifte Fell gut getarnt zwischen den Stängeln der Tangpflanzen mit oft bemerkenswerter Geduld auf ihre Beute lauern. Die Beutetiere werden ausschließlich im Wasser gejagt, durch einen Kehlbiss getötet und anschließend mit Hilfe der rasiermesserscharfen Vorderflossenklauen regelrecht ausgeweidet. Oftmals spielen Tangtiger mit ihrer Beute. So konnte schon oft beobachtet werden, dass erbeutete Meerfüchse mehrmals hoch aus dem Wasser geschleudert wurden, bevor sie endgültig getötet und gefressen wurden.
Fliehen Beutetiere an Land, folgt ihnen der Tangtiger nicht. Normalerweise jagen Tangtiger alleine. Es kommt jedoch in Ausnahmefällen vor, dass sich mehrere zu regelrechten Treibjagden auf Riesenstruduline (S. 96) zusammenschließen und die riesigen Meeresvögel solange mit Gebiss und Klauen attackieren, bis diese völlig erschöpft an ihren zahlreichen Wunden verbluten.

Biologie Die Paarungszeit der Tangtiger fällt in die Monate Juni und Juli – dann finden sich die ansonsten einzelgängerischen Tiere zu Paaren zusammen. Dabei kommt es öfter zu Kämpfen zwischen den Männchen um das Paarungsvorrecht. Die Paarung selbst findet im Wasser statt. Das Weibchen wehrt sich zunächst mit heftigen Bissen, bis das Männchen durch einen gezielten Biss in den Nacken beim Weibchen eine Duldungstarre auslöst und der Paarungsakt vollzogen werden kann. Die Tragzeit beträgt 9 Monate, es wird in der Regel nur 1 Jungtier geboren. Lebenserwartung 35–40 Jahre.

Wissenswertes Tangtiger sind äußerst gefährlich. Gerade in den wegen ihrer Artenvielfalt bei Unterwassersportlern so geschätzten, aber unübersichtlichen Tangwäldern der Shirkhan-See fallen der großen Robbe immer wieder Taucher zum Opfer. Aufgrund seiner Aggressivität wird der Tangtiger in Taucherkreisen gerne als der »Gestreifte Tod« bezeichnet. Auch Surfer und sogar kleinere Boote wurden in der Vergangenheit wiederholt von Tangtigern attackiert.

Charakteristisch für diese Robbenart
ist der abgeflachte, katzenartige Kopf.

Trichterpython

Python infundibulum

Wichtigste Merkmale Große Schlange, die meist in der Erde eingegraben lebt, Sie besitzt ein riesiges Maul, das in weit geöffnetem Zustand als Trichterfalle zur Erbeutung einer bestimmten Fledermausart dient.

Aussehen Trichterpythons erreichen eine Kopfrumpflänge von maximal 2,5 m bei einem Gewicht von bis zu 10 kg. Die Grundfarbe des Pythons variiert von gelbbraun bis olivfarben. Die Art zeigt auf dem Rücken eine komplizierte Zeichnung unregelmäßiger, heller Rauten, die breit dunkel gerandet sind. Die Unterseite ist weiß bis gelblich gefärbt und zeigt eine schwarze Sprenkelung.

Vorkommen Diese außergewöhnliche Schlangenart bewohnt die tropischen Regenwälder und Sümpfe Groß-Serpentiens, hat aber auch beachtliche Populationen in den Dschungeln Translunariens.

Nahrung Trichterpythons ernähren sich ausschließlich von Rosenflughunden *(Pteropus rosa)*. Um diese etwa 25 cm große, in den Tropen weit verbreitete Fledermausart zu erbeuten, haben Trichterschlangen eine besonders raffinierte Form der sogenannten Peckhamschen Mimikry (S. 16) entwickelt: Zunächst gräbt sich der Trichterpython tief in den Boden, bis sich nur noch der Kopf über der Erdoberfläche befindet. Danach öffnet die Schlange durch Aushängen des durch spezielle Bänder mit dem Gaumen verbundenen Unterkiefers das senkrecht nach oben stehende Maul so weit, dass es von oben und von der Seite betrachtet stark an einen handelsüblichen Küchentrichter erinnert. Der Trichterpython imitiert in dieser Position durch die tiefrote Färbung von Gaumen und innerem Unterkiefer die Blütenblätter und mit seiner tief gespaltenen Zunge die Fruchtblätter der tropischen Fledermausrose *(Rosa chiroptera)*, deren Nektar und Pollen eine bevorzugte Nahrungsquelle für den Rosenflughund darstellen. Gleichzeitig verströmt die Schlange aus 2 winzigen Drüsen im hinteren Teil des Gaumens ein, sowohl was chemische Zusammensetzung als auch Geruchsintensität betrifft, perfektes Imitat des arttypischen Blütengeruchs der Fledermausrose.
Rosenflughunde, die durch das Aussehen und den intensiven Geruch der Schlange getäuscht und angelockt werden und sich in der Erwartung einer reichlichen Pollenmahlzeit auf der vermeintlichen »Blüte« niederlassen, können dann von dem Python mühelos erbeutet und verschlungen werden.

Biologie Trichterpythons sind immer weiblichen Geschlechts, da sich die riesigen Schlangen ausschließlich parthenogenetisch, d. h. durch Jungfernzeugung vermehren. Bei dieser Form der eingeschlechtlichen Fortpflanzung entstehen die Nachkommen aus unbefruchteten Eiern, denen mit Hilfe bestimmter Hormone eine Befruchtungssituation vorgetäuscht wurde.

Wissenswertes Trichterschlangen sind bei den Bewohnern Groß-Serpentiens traditionell nicht nur aufgrund ihres zarten Muskelfleisches eine begehrte Delikatesse, ihrem Verzehr wird auch eine heilende und aphrodisierende Wirkung nachgesagt. So werden zur Behebung von Potenzproblemen, aber auch bei Blutarmut bevorzugt das Herz und die Zunge des leicht zu fangenden Reptils in Reisschnaps eingelegt verzehrt.

Das offenstehende Maul erinnert
an einen Küchentrichter.

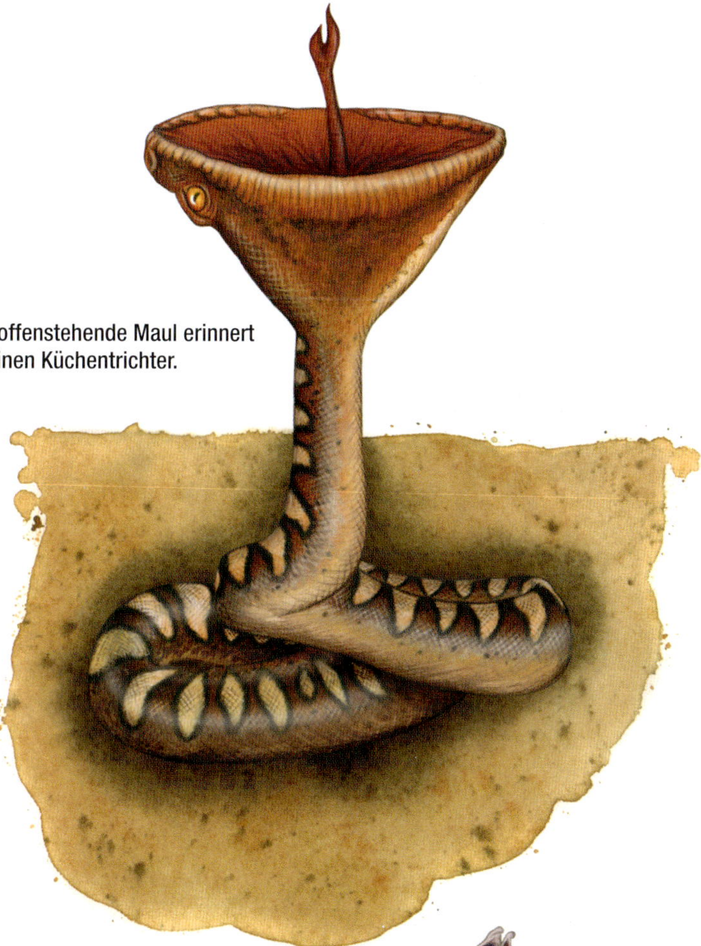

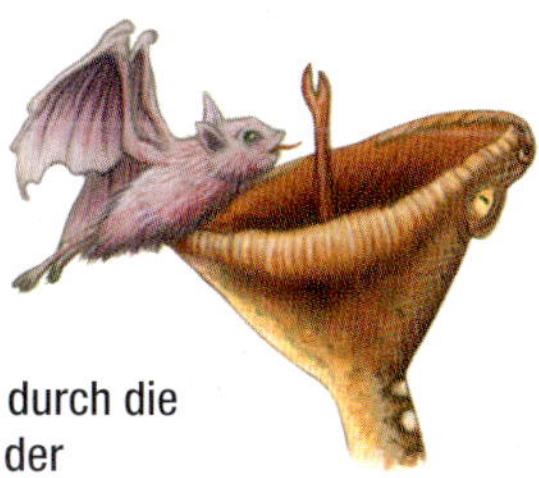

Rosenflughunde werden durch die
perfekte Blütenimitation der
Schlange angelockt.

Nachwort

An diesem Buch zu arbeiten hat viel Vergnügen bereitet, bot es uns doch die Möglichkeit, »Schöpfung« oder besser gesagt Evolution zu spielen und – wenn auch nur auf dem Papier – die unterschiedlichsten Kreaturen zu erschaffen.
Aus der Vergangenheit haben wir gelernt, dass unsere Welt fortwährend einer langsamen, aber stetigen Veränderung unterliegt: Kontinente verschmelzen und zerfallen wieder, Eiszeiten wechseln sich ab mit Phasen lang anhaltenden Treibhausklimas. Und immer hat sich die Tierwelt an die neuen Lebensumstände angepasst. Einige Arten starben aus, aber stets entwickelten sich auch neue, die neu entstandene ökologische Nischen nutzten und nahezu jeden Lebensraum unseres Planeten besiedelten.
Wie aber sieht die Tierwelt aus, die in 1 Million, in 5 oder gar in 20 Millionen Jahren unseren Planeten bevölkern wird? Genau kann das natürlich niemand voraussagen. Aber Tiere, die mit Hilfe der Ohren fliegen, Mäuse, die die wahrhaft biblische Fähigkeit besitzen, sich auf der Wasseroberfläche fortzubewegen, Tintenfische, die sich in den Schluchten der Großstadt herumtreiben, oder gar Schlangen, die als lebende Weihnachtsbaumdekoration dienen – so etwas gibt es doch gar nicht. Und solche »einer vielleicht etwas zu üppig geratenen Fantasie« entsprungenen Kreaturen wird es auch in Zukunft niemals geben, wird jetzt vielleicht der ein oder andere Leser dieses Buches sagen.
Man bedenke aber, dass Evolution etwas sehr Fantasievolles ist. So hat es uns eine manchmal fast diebische Freude bereitet, uns vorzustellen, was alles möglich ist. Aber wir haben uns bemüht, uns überwiegend an das »Machbare« zu halten. Deshalb haben bei unseren Kreaturen viele Entwicklungen und Schöpfungen Pate gestanden, die es in der Natur wirklich gibt. So haben Langfühler- oder Laubheuschrecken tatsächlich ihre »Ohren« an den Beinen. Diese Gehörorgane haben allerdings, sowohl was die Lage als auch den Aufbau betrifft, wenig mit den menschlichen Ohren gemeinsam. Sie werden von Wissenschaftlern als »Tympanalorgane« bezeichnet, sind mit einem Trommelfell ausgestattet und befinden sich in den Unterschenkeln der Vorderbeine. Sie sind verhältnismäßig einfach aufgebaut, aber äußerst leistungsfähig. Und auch die auf den ersten Blick mehr als ungewöhnliche Positionierung der »Ohren« ist sehr sinnvoll, denn durch unterschiedliche Ausrichtung ihrer Vorderbeine können Grillen zirpende Artgenossen sehr genau orten.
Wer nicht an die Existenzfähigkeit eines Lassofanten glaubt, sollte einmal die südamerikanischen Bolaspinnen etwas genauer unter die Lupe nehmen, deren Beutefangtechnik jeden Cowboy bzw. Gaucho vor Neid erblassen lässt. Und wer an einer Riesenschlange als exklusiver weihnachtlicher Lichtquelle zweifelt, sollte sich dringend in Südkorea umsehen: Dort haben Wissenschaftler damit begonnen, Katzen zu klonen, die durch ein fluoreszierendes Gen im Dunkeln leuchten. Die neue Technologie soll irgendwann auch für den Menschen von Nutzen sein.
Die Beispiele zeigen, dass vieles vorstellbar ist, was auf den ersten Blick unmöglich erscheint. Vielleicht finden ja auch Sie Gefallen daran, sich weitere Fantasiegeschöpfe auszudenken. Sie werden feststellen, es macht Spaß, »Schöpfer« zu spielen.

Weiterführende und benutzte Literatur

Bülow, Vicco von (2007): Loriot. Die vollständige Fernseh-Edition. Alle Sketche und Cartoons aus 40 Jahren auf 6 DVDs! Warner Home Video.

Dixon, Dougal (1982): Die Welt nach uns. Eine Zoologie der Zukunft. C. Bertelsmann Verlag, München.

Dixon, Dougal, Adams, John (2002): Die Zukunft ist wild. Unsere Welt in Jahrmillionen. Egmont vgs Verlagsgesellschaft, Köln.

Grolle, Johann (Hrsg.) (2005): Evolution, Wege des Lebens. Stiftung Deutsches Hygiene-Museum, Dresden, und Deutsche Verlagsanstalt, München.

Halbritter, Kurt (1975): Halbritters Tier- und Pflanzenwelt. Carl Hanser Verlag, München, Wien.

Jones, Steve (1999): Wie der Wal zur Flosse kam. Ein neuer Blick auf den Ursprung der Arten. Hoffmann und Campe Verlag, Hamburg.

Kleesattel, Walter (2005): Abenteuer Evolution. Konrad Theiss Verlag, Stuttgart.

Knauer, Bernhard, Kronberg, Inge, Krull, *Hans-Peter* (2007): Natura, Biologie für Gymnasien. Evolution. Ernst Klett Verlag, Stuttgart, Leipzig.

Kutschera, Ulrich (2006): Evolutionsbiologie. Verlag Eugen Ulmer, Stuttgart.

Mayr, Ernst (2005): Das ist Evolution. Wilhelm Goldmann Verlag, München.

Reichholf, Josef H. (2007): Was stimmt? Evolution. Die wichtigsten Antworten. Herder, Freiburg i.Br.

Schmitt, Michael (1994): Wie sich das Leben entwickelte. Die faszinierende Geschichte der Evolution. Mosaik Verlag, München.

Seiffert, Florian (2004): Untersuchung über die Verbreitung der Steinlaus in wissenschaftlichen Bibliotheken in Deutschland. »http://www.florian-seiffert.de/doc/steinlaus.pdf

Storch, Volker, Welsch, Ulrich, Wink, Michael (2007): Evolutionsbiologie. Springer-Verlag, Berlin, Heidelberg.

Strnat, Jost (2004): Die Strnat'sche Enzyklopädie der leider Gottes bzw. Gott sei Dank ausgestorbenen Tierarten. Buchverlage Kremayr & Scheriau/Orac, Wien.

Stümpke, Harald (2006): Bau und Leben der Rhinogradentia. Spektrum Akademischer Verlag, Heidelberg.

Stichwortverzeichnis

Über unsere Autoren

Dr. Friedrich Kögel
Jahrgang 1951, studierte Biologie, Chemie und Physik an der Universität Heidelberg. Er ist verheiratet, hat einen bereits erwachsenen Sohn und arbeitet als Lektor in einem Münchener Ratgeber-Verlag. Seine weit gefassten Interessen führten ihn in zahlreiche Länder auf verschiedenen Kontinenten. Als Co-Autor ist er an etlichen populärwissenschaftlichen Tier- und Naturbüchern beteiligt.

Dr. Mario Ludwig
Jahrgang 1957, studierte Biologie, Chemie und Geologie. Er ist Autor zahlreicher populärwissenschaftlicher Tier- und Naturbücher, die bereits in mehrere Sprachen übersetzt wurden. Er lebt mit seiner Frau und zwei Katzen in Karlsruhe und ist gern gesehener Gast in Fernsehsendungen wie »Johannes B. Kerner«, »3 nach 9«, »Menschen der Woche« und »Galileo Mystery«.

Bibliographische Information der Deutschen Bibliothek

Die Deutsche Bibliothek verzeichnet diese Publikation in der Deutschen Nationalbibliographie; detaillierte bibliographische Daten sind im Internet über http://dnb.ddb.de abrufbar.

Bildnachweis

dpa -report: 6
Limbrunner: 5
Pforr: 9, 10u, 15
Reinhard: 18
Sauer/Hecker: 10o, 16

BLV Buchverlag GmbH & Co. KG
80797 München

Umschlagillustration: Sandra Menke

Lektorat: Dr. Friedrich Kögel, Dr. Eva Dempewolf
Herstellung: Hermann Maxant

DTP: Satz + Layout Peter Fruth GmbH

Gedruckt auf chlorfrei gebleichtem Papier

Printed in Italy

ISBN 978-3-8354-0320-8